从0开始到亿万富翁

财富思维导图

刘凤鸣◎著

中国商业出版社

图书在版编目（CIP）数据

财富思维导图 / 刘凤鸣著. -- 北京 : 中国商业出版社, 2020.1

ISBN 978-7-5208-1078-4

Ⅰ. ①财… Ⅱ. ①刘… Ⅲ. ①财务管理 Ⅳ. ①TS976.15

中国版本图书馆 CIP 数据核字(2019)第 289871 号

责任编辑：刘万庆

中国商业出版社出版发行

010-63180647 www.c-cbook.com

（100053 北京广安门内报国寺 1 号）

新华书店经销

三河市长城印刷有限公司印刷

*

710 毫米×1000 毫米 16 开 15.75 印张 195 千字

2020 年 1 月第 1 版 2020 年 1 月第 1 次印刷

定价：48.00 元

* * * *

（如有印装质量问题可更换）

自序

PREFACE

如今，越来越多的人希望自己手中的财富能够高效迅速地升值；更多的人在思考，怎样才能在有生之年稳握百万财富，然后成为千万富翁，甚至是亿万富豪。

在很多人为一个月挣几百元钱、几千元钱而辛苦奔波的时候，亿万富翁日进斗金穿金戴银叱咤风云的生活，充满了巨大的诱惑力，大众传媒对于财富神话绘声绘色的讲述更增加了人们对亿万富翁生活的羡慕。

对于成为千万富豪、亿万富豪，有的人在仰望，而有的人则在奋力追逐。其实，我们每个人都应该问自己一句：当有一天成为富豪的机会就在你面前，你能准确地把握住吗？你能坦然地接受吗？

成为千万甚至亿万富翁，难度有多大？它是只存在于你的梦想之中，还是一项有章可循的财富计划？参照亿万富豪们的行为模式和历史经验，在这里我们总结了成为亿万富翁的技巧和方法，如果掌握了这些方法，那么你会比普通人更有可能成为你梦想中的人物！

每个人都具备成为亿万富翁的能力，也拥有成为亿万富翁的机会！读了

这本书，兴许能给您一些启发。每一个想成为亿万富翁的人都会知道下一步该怎么做——坚持正确的思想，采取正确的方法，实现自己的目标，成为亿万富翁！

刘凤鸣写于北京大学

2018年3月19日

目录

catalogue

态度导图：好的态度是财富的聚集器

创新导图：财富永远存在于新的区域

人脉导图：要成富人先丰富自我人脉

市场导图：正确知道方能有正确结果

信誉导图：做事先做人 诚信是根本

机遇导图：危机机遇皆在一线之间

财富思维导图

借力导图：顺风扬帆才能畅游商海

胆识导图：敢想敢做才能有好收获

人才导图：优秀人才是永远的资本

拼搏导图：要想成功就要有付出

节俭导图：小漏不堵大漏无法补

第一章

态度导图：好的态度是财富的聚集器

◆每个人都可以成为亿万富翁

美国《福布斯》杂志发布2019年度全球富豪排行榜，亚马逊创始人杰夫·贝佐斯(Jeff Bezos)以1310亿美元身家蝉联榜首，比尔·盖茨和沃伦·巴菲特分列第二、第三。排名最高的中国人是腾讯创始人马化腾，他凭借388亿美元的资产排名全球第20位。从阿里巴巴退休的马云则以373亿美元身家紧随其后，排名第21位。进入全球前50名的中国人还包括许家印(第22位)，李嘉诚(第28位)、李兆基(第29位)、王健林(第36位)、杨惠妍(第42位)和何享健(第50位)。此外，由于拼多多成功赴美上市，其创始人黄峥成为新上榜的195位富翁中排名最靠前的，位列全球第94名。

看着这些数据，很多人都会发出这样的感慨：如果我也是亿万富翁该多好！其实，亿万富翁的头衔并不是虚无缥缈的。资料显示，大约有2/3的亿万富豪是白手起家，13%的富豪靠继承，还有21%的人是在继承财富基础上进一步发展。由此可见，成为亿万富翁之路有很多，只要我们抓住机会！

改革开放以来，这样的致富良机一次又一次地出现在我们面前。20世纪80年代，下海经商的个体户成了万元户，当初盯着铁饭碗的，铁饭碗成了泥饭碗；90年代，当很多聪明人认为玩股票是“傻子”游戏时，炒股却造就了一大批富翁，害得很多人满世界找后悔药；跨入21世纪后，楼市的大涨又使一大批人的资产迅速膨胀，完成了自身财富的跨越式前进。这就再一次告诉我们，每个人都可以成为亿万富翁，如果你能抓住机会，离成为有钱人也就不远了。

如今，大多数人都没有赶上这些财富浪潮。要想成为有钱人，就要从观念、思维方式到行为方式，朝有钱人靠近。要经常与成功人士打交道，领悟别人成功的经验和要点，笔者认为以下几点一定要记住。

1. 把时间花在有意义有价值的事情上

对于所有人来说，时间都是有价值的。比如：有的人一天能创造100元价值，有的人一天能创造100万元价值，有的人一天能把一个游戏玩透，有的人一天能创造一次思维的结晶。一般来说，亿万富翁不会将自己的时间用来做没有价值的事情，比如，让有钱人去发传单，一天50元，他肯定不干。

时间非常宝贵，任何人都应该对自己的时间价值有充分的认识，多做一些真正有意义有价值的事情；要尽量减少重复性工作，让时间价值不足的人去帮你完成，你只要购买劳动力即可。

2. 把钱花在可以“升值”的事情上

对于亿万富翁来说，几乎大部分的“花钱”都是一个升值的过程。

亿万富翁会利用自己的钱把一批人聚在一起组成一个团队，创造出远高于金钱投资的货币价值，这是一次升值；他们会花钱把材料做成成品，成品价格远高于材料和其他成本之和的价格，这是一次升值；他们还会请人把一本书的思路理顺，把一些关键点的思想找出来，汇成册给他看，对于他，这是一次精神的升值。

很多人之所以穷，是因为他们“花钱”就是花钱，仅仅是一种消费，在减少自己的价值。一台 iPad 在孩子手里仅仅是台游戏机，可是在商务人士手里就是一种创造价值的工具。

3. 多读书，多交流

书本和讨论是一个人进步的源泉！很多富人的很多理论体系都来自于书本的总结和感悟，很多灵感、创意都来源于讨论里迸发出的闪光点。要想让自己成为亿万富翁，就要习惯与人交流，且善于与人交流。

但是，一般在 100 个人中，只有一个人是值得交流的，其他人则浑浑噩噩。不要与这些人做长时间的负功，可以直接购买他们的劳动力和时间为我们的目标服务。

4. 让自己拥有梦想

梦想是一个人自我激励的动力，有了梦想也就有了努力的方向，如果你想成为亿万富翁，就要将“变成亿万富翁”作为自己的梦想；甚至还可以直接写在纸上，贴到墙上。一定要有梦想，没有梦想的人只是空壳。

5. 不要追求金钱

一个人最宝贵的财富不是金钱，追求金钱是一个本末倒置的事情，很容易迷失自己。督促亿万富翁每天只睡 4 小时的动力，不是他们每天能赚多少钱，而是他们愿意为自己的目标做多少事、花多少时间、倾注多少心血。这个过程中，除非有非凡的意志，非常之人所不能及的意志。

6. 少说废话，立刻行动

要想成为亿万富翁，最重要的一点就是：做，做，做！再远大的理想，也是一步步走出来的。在一个人还没有发迹、只是个小职员的时候，有人会问他，如何才能赚钱？亿万富翁是不喜欢夸夸其谈且不真的去做的人，所以这个人会回答：“问我有什么用，我只是一个做小事情的，而你是做大事情的。”只有脚踏实地地去做了，才会发现小事也不简单！

◆即使贫穷，也要有颗富有的心

有两句古语是说穷人的，一句是“穷且益坚，不坠青云之志”；另一句是“人穷志短”。可以说，许多穷人深受这两句话的影响。从第一句话中汲取营养，穷人也可以成为富人；如果有哪个人不幸被第二句话所言中，而不能自拔，那么，注定要当一辈子穷人了。

虽然我们一向同情弱者，同情穷人的遭遇，但也不得不承认，人穷志短确实在当今社会上许多穷人的身上存在着。比如，大中城市中存在的乞丐现象。在这里我们并不否认确实有一些生活无着落的人被迫走上行乞之路，但其中也不排除有个别人，把行乞作为自己的发财途径。当然，我们见到的更多是“穷且益坚，不坠青云之志”的人。

所有的事物都具有两面性，贫穷也是相对的。之所以这么说，第一个理由是：贫穷的境况会激发人改变贫穷的志向和勇气。第二个理由是：当人们为了一日三餐而辛苦奔波时，很容易挫伤进取心。所以，这也就是造成“人穷志短”的客观原因。

人穷不能志短，人穷也可以有大志！在这方面许多先驱和伟人为我们做出了榜样。历史上许多富豪都是出身贫寒，赤手空拳打天下的。比如：日本企业家松下幸之助、中国台湾的实业家王永庆等。他们的一个共同特征就是，不甘于受命运的摆布，把摆脱贫穷作为自己奋斗的目标。所以说，贫穷是相对的，这也是人穷志不短的理论基础！

根据维基百科资料：

1917年1月18日，台湾台北县新店的一个贫苦农家喜添新丁，这就是后来被尊为“经营之神”的王永庆。

15岁那年，王永庆小学毕业，先到茶园做杂工，后到台湾南部嘉义县的一家小米店当了一年学徒。第二年，王永庆做出人生中第一个重要决定，开米店自己当老板，启动资金则是父亲向别人借来的200块钱。

几年下来，米店生意越来越火，王永庆筹办了一家碾米厂，同时完成了个人资本的原始积累。从那个时候起，王永庆的命运发生了变化。

20世纪50年代初，台湾“工业局”推出一系列工业发展计划，其中包括利用美国援助兴建石化工业基本原料聚氯乙烯。时年38岁的王永庆大胆接手了当时这一无人看好的项目，成立了台湾塑料工业股份有限公司。之后，在塑料领域大获成功的王永庆先后成立了南亚塑料工厂、台湾化学纤维工业公司等一大批企业。

目前，台塑集团经营范围十分广泛，包括炼油、石化原料、塑料加工、纤维、纺织、电子材料、半导体、汽车、发电、机械、运输、生物科技、教育与医疗事业等。尤其是在石化工业领域，建立起从原油进口、运输、冶炼、裂解、加工制造到成品油零售等一体化的完整产业链，这在台湾是独一无二的企业集团。台塑集团下辖9个公司，员工总数超过7万，资产总额达1.5万亿新台币。

2002年，尽管王永庆宣布退休，不再过问集团的具体经营事务，但仍是集团与主要企业的董事长，是台塑集团幕后的舵手与精神领袖。

富人的成功，穷人的平庸，二者之间究竟有什么秘诀和不同？看了下面的文字，你也许会明白些什么。重点不在于你现在是富人还是穷人，而在于你本质上属于哪一类人！

1. 穷人贪图安逸，富人喜欢挑战

择业观不同：穷人一般都喜欢到大企业里面干事，工作环境较稳定；亿万富翁则会教育自己儿女，别介意到小公司锻炼，甚至鼓励儿女自创一家小公司。

选择银行的理财产品有别：普通人通常会挑有“保本”计划的理财产品，年回报有3%~5%的收益就心满意足。富翁爱冒险，会购买一定比例的股票型基金，回报多一点。

2. 穷人独自努力，富人借力搏杀

普通人也许比富翁干活更卖力，两者差异源于彼此对“努力工作”的演绎不同：普通人是自己努力干，从早到晚，任劳任怨。富翁的“努力工作”则包含三方面：

第一，团队的努力工作。他们习惯带领团队往前冲，尤其是率领销售团队；擅长激励团队，大家朝着共同目标奋斗，共创佳绩，让大家分享提成。

第二，让钱努力工作。普通人因怕冒风险，让钱都趴在银行里“睡大觉”，他们的钱很“懒惰”，没有什么“产出”。富翁每年要求资本至少有10%的回报。他们善于经营，睡觉时也会钱生钱。如：借钱给朋友开店，要收取合理的借贷利息，还要有抵押品；投资在房地产上，收租金，享受房地产升值的回报。

第三，亿万富翁善于用他人的钱替自己赚钱。例如，富翁手中有70万元，他买一套房，肯定不会全额付清。他会买两套房，从银行借70万~80万元，让银行的钱也替他生钱。普通人则习惯一次性付清房款，不喜欢借贷。

3. 穷人习惯称“是”，富人敢于说“不”

普通人人云亦云，有些是迷信，有些是父母的讹传，他们难免会“小钱精明，大钱糊涂”。比如，购买便宜的房子，计较物业管理费，以为越少越好。殊不知，物业管理费越便宜的小区，缺乏人员打理，住了五年就已破破烂烂，虽然省了点物业管理费，但房子未来的升值空间却被破坏掉了。

4. 穷人羊群性格，富人狼性特征

有两位年轻人，知道他们20年后，哪一位能成为富翁吗？根据他们胆子大小便可以预测。

富翁从小胆子大，敢于尝试新鲜事物，别人不敢干的事情，他去干。公司准备开拓西部市场，要派职员去兰州、成都等地干上三四年，未来的富翁会毫不犹豫，甚至毛遂自荐。一般人却不愿意离开京、沪公司总部，考虑良久，仍迟迟不愿行动。

胆子大，自然机会多；胆子小，机遇也会流失。你说，哪一位比较容易成功？

一般人“羊群效应”明显：随波逐流，不敢鹤立鸡群，不肯尝试任何新生事物，怕失败，怕被人家笑话，等到大家趋同才会去干，他的成就就有限。羊群性格的人典型表现是：等到周边朋友先行动，拥有成功经验后，再跟随。

富翁狼性特征明显，他们在股票基金净值达到 1.30 元时已经购进；羊群性格的人最终等到 2.30 元时才会购进。“狼”赚钱时，“羊”买进的价位已较高，就算不亏也赚不多。

5. 穷人专注细节，富人留意大事

普通人每天衣食住行的消费，习惯花时间砍价，省点小钱；他们银行账户里说不定就存着 20 万元现金，收取微薄的利息；他们只会低头看自己眼前微小事，对未来社会变化，不能预见，只能不断叹息：这个世界变化快。

富翁则喜欢留意大事情，对未来即将发生的变化，他会未雨绸缪，在别人暂时看不到的机会中，大把挣钱。

◆展示出自己的不平凡

古时候，有这样一个故事：

一个乡绅有两个长相俊美的女儿，凡是到他家的客人都对他的女儿赞不绝口，而他却总是“谦虚”地说：“哪里哪里，她们都是丑八怪。”时间久了，他的话被传了出来，于是一直到女儿老了，也没有媒人登他家的门。

故事中，乡绅因为“谦虚”而说出的话却被当成了真，导致了不可收拾的局面。故事虽然有些夸张，其中包含的道理却很值得深思。我们的民族自古便有谦虚的美德，然而，不知何时，“谦虚”这两个字被曲解了，仿佛只有否认自己的才能，把自己贬得一钱不值才算谦虚。实际上，**承认自己的才能，甚至当众表现，都不能算是不谦虚，因为只有将自己的才能表现出来，才能抓住机会。**

三国时期，刘备三顾茅庐见到诸葛亮，并向他请教。诸葛亮虽“未出茅庐”，却敢“定三分天下”。而后随刘备南征北战，终于成为历史上杰出的军事家和政治家。假如他当时为了表示“谦虚”，用“才疏学浅”“孤陋寡闻”“不能担当重任”等词语来推托，也许还困顿在茅庐之中。所以，只有在适当的时候勇于提出自己的见解，才能让别人充分了解你，才能得到施展才智的机会。

伯乐相马的故事告诉我们伯乐的重要性，而韩愈在《马说》中则进一步指出："千里马常有，而伯乐不常有。"一方面人们苦于找不到良马，另一方面真正的良马又被埋没。既然世上"伯乐"如此稀少，"千里马"为何不"毛遂自荐"？

有些人总是说什么"真人不露相，露相非真人"，试问：从不露相的"真人"要他何用？难道说从不发表自己见解的人才算"真人"？若是这样，有能力的人还有什么存在价值？倒不如换上一些只知道服从命令、墨守成规的机器人。

报刊上曾登载过这样一个故事：

我国的一位经济学专家，刚到美国时，常去大学听讲座。他发现，每次开讲前，周围的同学总会将一张用浓重色彩写着自己名字的硬纸卡片，立在自己的桌前。

这位经济学专家搞不明白是怎么回事，便问同学。对方便告诉他："来这里做讲座的都是华尔街或跨国公司的'大腕'，当讲演者需要听者回答问题时，他可以直接看纸卡提问你。如果你的回答令他满意或非常精彩，很有可能会给'大腕'留下好印象，没准儿会给你带来很多发展的机会。"

后来，他果然看到周围的几位同学，因为出色的见解，最终得以到一流的公司供职。

在人才辈出、竞争日趋激烈的时下，机会一般不会去主动找每个人，只**有勇于表现自己的才华，只有抓住机遇，让别人认识你、了解你、注意你，才**

会脱颖而出。

国外这样，国内亦如此！在创富的过程中，每个人都希望得到名师的指点和伯乐的赏识。但是，若想得到别人的垂青，必须抓住一切可以利用的机会，充分展示自己的才华，只有这样，才能把握好人生道路上的每一次机遇。

千万不要因犹豫而失去良机，以致遗恨终生。只要你有能力，不要理会别人说什么。应当挺身而出，发挥自己的才智，施展自己的抱负！这是一个步伐越来越快的时代，如果你不及时把自己“推销”出去，即使有超然的潜能也有可能被埋没。即使你是一块金子，潜藏在海底，还真不一定就有出头之日！

◆学习富翁的良好习惯

笔者研究了大量的案例发现：富翁之所以成为富翁，并不是无缘无故的！除了一部分人继承祖业之外，大部分都是通过自己的努力得来的。当然，如果这些继承者不具备守财的能力，或者没有养成良好的习惯，他们的财富也会发生变故。

这是一个现实的社会，也是个金钱的社会。老祖宗早就告诉我们："锦上添花人人有，雪中送炭世间无，不信且看筵中酒，杯杯先敬有钱人。"有钱真好，但不是每个人拼死拼活地赚，就一定可以成为富翁、富婆，想成为有钱人，**一定要具备某种人格特质，缺乏这种条件的人是发不了财的，更成不了富翁。**

要想成为亿万富翁，首先就要向富翁学习，学习他们身上拥有的良好习惯。

1. 定目标，达目标

一个没有目标的人，就好比大海中航行的船只没有指南针的指引，永远靠不了岸。要想成为亿万富翁，就要学会每年、每月、每周、每天给自己制定一个切实可行的目标，并尽自己最大的努力去实现，天天坚持着做，一年后，三年后，五年后，你将会实现一个大大的、成功的目标，并让自己为之骄傲。

2. 尽可能多地帮助他人成功

帮助一个人，需要有付出的心态，需要有爱心，当然也需要有助人的能力。社交的本质就是不断用各种形式帮助其他人成功。在创富的过程中，要和他人一起共享你的知识与资源、时间与精力、友情与关爱，从而持续为他人提供价值，一定要记得：帮助他人其实是在帮自己，你将会由此获得更多的快乐、友谊、朋友、关爱和宽容。

3. 不停息地编织人际关系网

人际关系同样是生产力，更是快乐的源泉。因此，为了拥有更宽广、更具层次的人际关系，就要给自己列人际关系打造计划。比如：领导圈、运动圈、音乐圈、时尚圈、管理圈、美食圈、旅游圈等，各种不同的圈子里都要有1~2个自己最知心、最了解、最和谐的朋友，因此，不管你遇到什么困难，要办什么事情，都有圈子里的朋友能帮助你。

4. 定期与朋友沟通，联络感情

朋友不是在要利用他时才想起。因此，编织好自己的人际圈子，并不断扩大的同时，要定期与自己圈子里的朋友保持联系。比如，打打球、看电影、喝咖啡、吃饭、结伴旅行、沟通聊天、做有益的事情。常来常往，朋友才会感情更深厚。

5. 给自己勇敢和自信

能够成为亿万富翁的人，一定是一个勇敢的人、自信的人，具有勇敢和自信品格，一定会使你在职场攻无不克，战无不胜，创造奇迹。所以，要不断修炼你的自信心和勇气，使自己在做事的时候，在创业的时候，更能把握机会，创造成功。

6. 懂得尊重他人

人与人之间是平等的，没有职务高低之别，没有钱多钱少之分，没有高低贵贱之分，人格平等。因此，一个时常能尊重他人的人，一定能赢得他人的尊重。切忌居高临下、目中无人，谦虚是人际关系的通行证。

7. 凡事 100% 准备

成功是属于有准备的人，做任何事，见任何人之前，都要做足充分的准备。准备好你的心态，准备好你的时间，准备好你的精力、资料、知识，你将会获得更有准备的成功。

8. 养成列清单的习惯

对每天的工作，重要的事情，约见的客户，一定要按时间、轻重缓急顺序列一个清单，并在计划的时间内去完成，养成做事有条理、专注、坚持的好习惯。

9. 坚持每天看书 30 分钟

书中自有黄金屋，坚持读书，读精品书，并静下心来思考，不断扩充知识面，增长见识，做到每天点点滴滴积累，就会有朝一日获得一日千里的长进。

10. 学会分享

你的心得、才华、能力、经验、感知、经济、新闻、意识、激情都要及时向好朋友分享，分享也是提高自己能力的一种成功法宝，要做一个善于分享的人。

11. 注重工作质量

做事情、干工作不在于做到多少，而在于做有意义、有价值的工作。因此，要形成高品质的工作风格，提高自己的工作效率，提高工作绩效。

12. 凡事及时跟进

对上司、朋友、同事、部属、亲友、家人交代过的事，都要保持及时跟进，不能没有下文，不了了之；要给对方一个满意交代和回复，如此才能获得他人的信任。因此，有效跟进也是必备的做事风格。

13. 做人讲诚信，做事讲责任

平时保持做人的诚信，一言九鼎，兑现承诺，对做不到的事也要告知对方，并客观说明理由。做任何事都要负起责任，养成负责的习惯，别人同样会对你负责。

14. 每天运动一小时

生命在于运动！每天做一小时有氧运动，比如：晨练、饭后慢跑，或打羽毛球等，活动活动筋络，舒松舒松骨头，自己的精神就会更愉悦，身体更健康。

15. 每天找一位某方面比自己更厉害的人交流学习

孔子云：三人行必有我师。多与比自己某方面更厉害的人学习、讨教、沟通交流，你将会获得更多的资讯、能力和知识，从而使自己更富有才华。

16. 提高语言流利度

可以与任何人，在任何情况下都自信沟通的能力，是许多成功人士的共同特征。因此，每天要给自己十分钟，获得更好的表达能力，在公众场合自如地表达和沟通。

17. 说真话，做真人

真诚是人际沟通的通行证，打破沉默最好的方式就是说真话。因此，确保自己做事凭良心，讲诚信；讲真话，做实事，这样你会获得更好的人际关系、更真诚的友谊；别人见到你，同样会回报给你真心和诚意。

18. 保持倾听的好习惯

亿万富翁一般都有着良好的沟通技能，而沟通的技能并不在于你有多会说，更要善听。能听懂对方的意图、想法、目的，才能更好地理解别人，才能被他人理解，才能和谐沟通。

19. 保持专注、专业

成功的人都是专注的人，都是专业的人。世界上，只有专家才是赢家。简单的事重复地做，就可能成为专家，而重复的事能开心地做就更是专注的赢家。要想成为富翁，就要保持专注，提升专业，做人生的赢家。

20. 建立自己的品牌美誉度

产品要获得消费者的认可，必须靠卓越的品牌；一个人要获得亲朋好友、上司、同事和部属的认可，同样靠卓越的个人品牌。因此，个人品牌需要经营，要想树立良好的个人品牌，每天必须做好四讲：讲诚信、讲品格、讲礼貌、讲实话。

21. 谦虚谨慎，不骄不躁

满招损，谦受益！做人做事谦虚，会获得更好的资源、更好的理解、更好的认同。傲慢是一种病，它会让你忘记真正的朋友，忘记朋友的重要。保持谦虚，可以帮助大家一起进步。

22. 每天保持愉悦平和心态

人有喜气，脸上必有悦色，悦色生婉容，婉容生和气，和气生财。因此，先解决心情，才能做好事情。好心态，好心情，才会有好人际、好友谊、好前程。

◆贫穷像魔鬼，越怕它越缠着你

贫穷吸引贫穷，富贵吸引富贵！越是怕花钱的人越穷，因为一个人之所以不敢花钱是因为他不相信自己能把钱赚回来，一个不相信自己能赚钱的人永远只能是穷人。所以，如果你真的想发财，你首先要相信自己，要相信自己以后一定会成为百万富翁、千万富翁。

贫穷就像魔鬼，你越怕它越缠着你！导致人们平庸、贫穷的原因有很多，但最关键的一点就是无法自我突破；而无法自我突破的原因只有一个，那就是自卑。

无论做任何事情，要想取得预期的结果，首先要相信自己。人们常说，心有多大，舞台就有多大！一个人的成功和拥有财富的大小与他的信心是成正比的。

我们经常会听到有人说，一个人穷怕了，必须抱着米口袋才能睡着觉。其实，在这个社会上这样的人还真不少，这里就有这样一个人：

2007 年时，李海曾在一家企业学习过一段时间管理。他喜欢交朋友，两个星期下来就和销售总监成了铁哥们儿。总监告诉李海，他已经在这家公司干了五年多了，带过的六七个弟子，个个都是行业的精英，其中三个已经自己做了老板，其他两个也都是企业领导，唯独有一个弟子始终停留在业务员阶段。

李海不禁问：“同样的教法，同样的人，为什么学历低的弟子都出息了，而这个大学毕业的弟子却一直给人打工呢？”总监回答说：“这个弟子哪点都好，就是怕穷，不敢花钱。起初我觉得年轻人懂得攒钱是好事，但后来我发现，一个人如果太在意钱也是不自信的表现、担心受穷的表现。”

总监告诉李海，这个弟子的一张银行卡里存着1600元钱，这笔钱打死他都不会花。李海问总监：“为什么？”他说：“这个钱是这名弟子从北京到福州的飞机票钱。”

看到这里，不知道你看懂了没有？这个弟子为什么不能像其他弟子一样成功？不错，他太不自信了！试想，一个在外工作4年多的人，还在担心自己没钱回家，这样的人能赚到大钱吗？

一个人可以没能力，但绝对不能没有魄力。想发大财就要有发大财的决心、信心与企图心。著名国学实践应用导师翟鸿燊在他的一次演讲中说了这样一句话，“你就是你想要成为的那个人，你就是你决定要成为的那个人”。百万富翁、千万富翁、亿万富翁，在很多人眼里是遥不可及的，其实，无论多少钱，都是从一分钱、一毛钱、一块钱赚起的，因此，要告诉自己：“钱是人赚的，亿万富翁是人我也是人，他们能办到我也一定行！”

成功源于一种信念、一种自信，**你决定成为怎样的人，你相信自己能成为怎样的人，你就会成为怎样的人！**

◆财富由少积多，生意由小到大

所有的生意都是由小到大，百年企业亦如此！

小时候，黄光裕家境清贫，最困难时黄光裕曾拾过破烂、捡过垃圾。也因为家境困难，他16岁初中未毕业就辍学了，跟着20岁的哥哥离开家到内蒙古做生意。

1986年，17岁的黄光裕(那时他叫黄俊烈)跟着哥哥黄俊钦，揣着在内蒙古攒下的4000元钱，然后又连贷带借了3万元，在北京前门的珠市口东大街420号盘下了一个100平方米的名叫“国美”的门面。在那里，黄氏兄弟先卖服装，后来改卖进口电器。

1987年1月1日，“国美电器店”的招牌正式挂出来。尽管是有货不愁卖，但黄氏兄弟仍然决定走“坚持零售，薄利多销”的经营策略。而当时在卖方市场的背景下，很多商家都在采用“抬高售价，以图厚利”的经营方式。低价策略为小小的国美电器店带来了不少回头客。

不仅是薄利多销，在货源上他也下足了功夫！1991年，黄光裕利用《北京晚报》中缝打起“买电器，到国美”的标语，每周刊登电器的价格。当时，国营商店对于广告的认识还停留在“卖不动的商品才需要广告”的层面，即使后来也有人想学习国美的广告策略，但黄光裕已经以每次800元的低价包下了报纸中缝。

很少的广告投入为国美吸引来了大量顾客，电器店生意“火”得不行，所有存货一卖而光。黄光裕乘胜追击，陆续开了多家门店，“国豪”“亚华”“恒基”，店名不一而足，1993年前，小店面已达七八家。

1992年，黄光裕在北京地区初步进行连锁经营，将他旗下所持有的几家店铺统一命名为“国美电器”，就此形成了连锁经营模式的雏形。到1993年时，国美电器连锁店已经发展至五六家。而黄氏兄弟财富增长后，因为经营理念的不同，两兄弟分家了，黄光裕分得了“国美”这块牌子和几十万元现金。

24岁的黄光裕和哥哥分家后，开始一心一意建造他的家电零售王国，并从此开始以惊人的速度书写他和国美的财富神话：1993年，黄光裕的小门面变成了一家大型电器商城；1995年，国美电器商城从1家变成了10家；1999年国美从北京走向全国……

知识需要积累，经验需要积累，智慧需要积累，财富更需要积累！**积累是一个艰难的过程，积累是把自己炼成真正的钻石，一旦迸发出来，就有不可阻挡的气势，一发而不可收。**

炼就钻石的这种积累过程，既是最关键的，又是最艰难的，真正能挺过来的人是万里挑一，所以富有的人也是万里挑一，要想成就一件事，没有3年的积淀，5年的积累，即使做起来也不会太顺利。

多数人失败的问题就出在“急”上，一急就失去了判断力，没有了理性就只能失败！

财富标杆：柳传志——志当存高远，财富始于野心

1984年，中关村街上一家家公司如雨后春笋般出现，柳传志的名字就像今天中关村众多小公司老板的名字一样普通得让人容易忘记。柳传志的创业史无疑是一个传奇。这个传奇的意义不仅仅在于他领导的联想由11个人、20万元资金的小公司，用14年时间成长为中国最大的计算机公司。更重要的是，传奇故事对许多立志创业的年轻人来说，是一种激励。

这个传奇让每一个中关村创业青年都可以怀有这样的一个希望——“如果我足够努力，也可以像柳传志那样成功”。柳传志以亲身经历告诉年轻人，成功所必需的要素其实并不多。

在谈到创业心得时，柳传志说：“首先要立志高，立志高了，才可能制定出战略，才可能一步步按照你的立意去做。立意低，只能蒙着做，做到什么样子是什么样子，做公司等于撞大运。当时做生意的典型办法有三种：一是靠批文；二是拿平价外汇；三是走私。而我们不想这样做。1987年、1988年的时候，公司高层就此进行过一次讨论。我们的办公室主任一心想要我们公司办成

像科海那样——总公司下面一大堆小公司，每个公司都独立做进出口，虽然每个公司都在做重复的事情，但是每个公司都赚钱。我原本并没有强调‘大船结构’，当时提出‘大船结构’是为了反对‘小船大家漂’。”

柳传志对立意高低有一个比喻：“北戴河火车站卖馅儿饼的老太太，分析吃客都是一次客，因此，她把馅饼做得外面挺油，里面没什么馅儿，坑一把是一把，这就是她的立意。而盛锡福鞋帽店做的是回头客，所以，他的鞋怎么做也要合适。”

同样是卖馅儿饼，开连锁店，柳传志强调立意，是因为他明白，在公司发展进程中，肯定会遇到各种各样的难题。首先，只有立意高，才能牢牢记住自己所追求的目标不松懈，才能激励自己不断前进；其次，如果立意不高，就不能不停地提出新的、更高的目标，那么稍有成功就会轻易满足；最后，立意高了，自然会明白最终目的是什么，不会急功近利，不会在乎眼前的得失。

第二章

创新导图：财富永远存在于新的区域

◆独辟蹊径，找一条适合自己的致富路

说到独辟蹊径，自然会想到高斯的故事：

高斯是德国伟大的数学家，小时候他就是一个爱动脑筋的聪明孩子。上小学时，一次一位老师想整治一下班上的淘气学生，他出了一道算术题，让学生从 1+2+3+……一直加到 100 为止。他想这道题足够这帮学生算半天的，他也可得半天悠闲。

谁知，令人意想不到的是，刚刚过了一会儿，小高斯就举起手来，说他算完了。老师一看答案，5050，完全正确。老师惊诧不已，问小高斯是怎么算出来的。

高斯说，他不是从开始加到末尾，而是先把 1 和 100 相加，得到 101，再把 2 和 99 相加，也得 101……最后 50 和 51 相加，也得 101，这样一共有 50 个 101，结果当然就是 5050 了。聪明的高斯受到了老师的表扬。

遇事要开动脑筋，说起来容易做起来难。高斯的聪明之处，在于他能打破常规，跳出旧的思路，仔细观察，细心分析，从而找出了一条新的思路。

打破旧的思维模式带来的禁锢，就会在习以为常的事物中发掘出新意来。

任何事都不是一成不变的，用变化的眼光去把握一切，你才会获得新生！**盲目跟随，将永远落后于人，永远呼吸不到新鲜的空气。**

成功的亿万富翁自然会与人不同，他们喜欢独辟蹊径，合乎情理，又出人意料。他们的经营法则，常常超越常人所及，在意料不到的地方，独辟新途，创设出一片属于自己的天地来。这种独辟蹊径的经营法则，是亿万富翁制胜发大财的又一秘诀。香港人造皮革大王田家炳，可说是这方面相当出色的大玩家。

田家炳自幼聪慧过人，灵敏机智。1935年，他为了操持家业，被迫中途辍学，弃学从商，当时他才16岁。1937年，年仅18岁的田家炳，离开家乡前往越南西贡，去拓展本县的瓷土外销业务。当时，他在西贡做生意，人生地不熟，而且又年轻无阅历，涉世不深。但是，凭着自己的聪明才智和实干勤勉精神，很快便打开了局面，与同乡合伙开办了茶阳瓷土公司，专营从家乡外销瓷土业务。

1939年夏天，日本帝国主义侵略军占领了汕头，瓷土出口生意被迫中断，田家炳便不得不流转印度尼西亚，另谋生计。在印度尼西亚的20多年中，他几度迁徙，先在万隆附近开办了一个经营土特产的小商店，后来，又到雅加达开设了两家塑料厂，从此，事业蒸蒸日上，誉满一方，被称为出色的年轻实业家。

1958年，田家炳毅然割舍了在印度尼西亚雅加达一手创办的两个塑料厂“南洋”和“超伦”，来到香港。当时，这两个工厂都生意兴隆，为什么要这么做？许多朋友都不理解。

来到香港后，田家炳首先在新界之郊西南方的屯门海边买下了30多万平方英尺的海滩，接着又先后组织了围海造地工程，不惜花费巨资填海造地，

建设工厂。这一举措很有点石破天惊的意味，他放弃了好端端的已经成功的事业，而跑到人生地不熟的香港，在荒无人烟的海滩上填海建厂，他图的是什么呢？

田家炳要独辟蹊径，做一番出人意料之外，却又在情理之中的事业。这是他做人的原则，也是他赖以成功的经营法则。那么，田家炳的依据是什么呢？有三个方面：

第一，香港的市场前景不可限量。田家炳眼光敏锐独到，牢牢抓住了这一点，并且先行一步，捷足先登，独辟蹊径。当时，香港已是远东大都市，海陆空交通十分发达，而且，工业刚刚起步，百业待兴，人造革产品完全依靠进口，空缺极大，这个依赖进口的空缺，正亟待填补。有如此巨大的市场空白地带，前景相当诱人，其发展潜力远非在印度尼西亚经营一两家塑料厂可比。田家炳坚信一点：只有独辟蹊径，才能成为天才。

第二，经商讲究熟门熟路。田家炳在印度尼西亚原来就是干塑料，有相当丰富的创业经验。他相信自己的判断不会错，投资人造皮革业，肯定会有相当可观的市场。建起人造皮革生产工厂，有了产品，加工厂家便不用再远涉重洋去采购人造皮革。如果再帮助加工厂打开人造革制品市场销路，使加工工业勃勃向上发展，人造革市场何愁不旺呢？

第三，田家炳认为，自己是中国人，应当为中国人做些事情，这样，于心有安。当时，香港虽然在英国殖民者统治之下，但绝大多数居民是中国人。在香港开办工厂，就能为中国同胞提供更多的就业机会，产品也会使同胞受惠。

基于上面三个原因，田家炳便笃定信心，放手大干了。经过两年多的艰苦劳动，庞大的工厂建成了。这时，香港人惊讶地发现，昔日一片白茫茫无人烟的海滩，如今居然拔地而起冒出了香港最大的人造革制造厂，不禁由衷赞叹："真是了不起！香港工业界人士想都想不到的事，这位南洋客居然办成功了！"

田家炳就是依靠这独辟蹊径的经营法则，使他由一个印度尼西亚实业家一跃成为全球闻名的人造革大王。他的故事告诉我们，**立刻行动，用心趋向目标，不墨守成规，遵从自己的行动规则和做事的风格，注定会取得理想成绩。**

没有创造，整个世界就会消沉；没有创造，生活之泉就会干枯；没有创造，生活之树就会枯萎。昨日的事实要在历史的篇章上写下一笔，需要以创造作为浓墨；今天的努力要在人类的史册上画上一笔，需要以创造作为色彩。

一项伟大的发明创造，是值得钦佩与赞叹的，但是每项宏伟的创造工程，都是从无数个小创造开始的。谁把轻视的眼光投在点滴的创造上，谁就不会做出点滴的成绩来，他也就会在安于现状中两手空空！

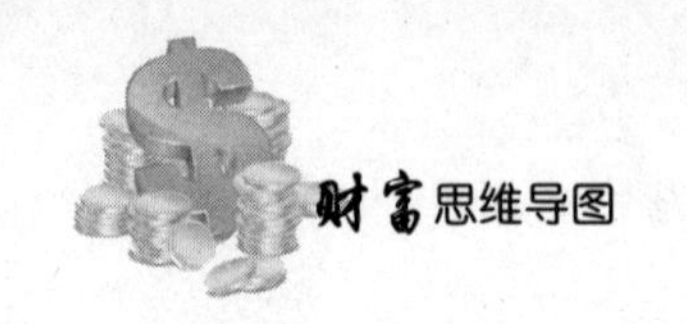

◆点子新，亏本生意不亏本

不可否认，有些聪明的点子都是人们在不经意间想出来的，但是我们也必须承认，大部分发明创造都是别人苦心钻研的结果。比如，爱迪生发明电灯，贝尔发明电话。只要我们发现了一个绝妙的点子，也许一夜之间就可以成为百万富翁。

在一般人眼中，拾破烂的一定是穷人。想靠拾破烂成为百万富翁，近乎天方夜谭。可是，真就有人做到了。

沈阳有个以拾破烂为生的人，名叫王洪怀。有一天，王洪怀突发奇想：收一个易拉罐，才赚几分钱，如果将它熔化了，作为金属材料卖，是否可以多卖些钱?

于是，王洪怀就把一个空罐剪碎，装进自行车的铃盖里，熔化成一块指甲大小的银灰色金属，然后花了600元在市有色金属研究所做了化验。结果显示，这是一种很贵重的铝镁合金！当时市场上的铝锭价格，每吨在14000元至18000元之间，每个空易拉罐重18.5克，54000个就是1吨。这样算下来，卖熔化后的材料比直接卖易拉罐要多赚六七倍。王洪怀决定回收易拉罐熔炼。

从拾易拉罐到炼易拉罐，一念之间，不仅改变了王洪怀所做工作的性质，也让他的人生走上另外一条轨道。为了多收易拉罐，王洪怀把回收价格从每个几分钱提高到每个一角四分，又将回收价格以及指定收购地点印在卡片上，向所有的拾荒人散发。一周以后，王洪怀骑着自行车到指定地点一看，发现一大片货车在等他，车上装的全是空易拉罐。这一天，王洪怀回收了13万个，足足两吨半。

向王洪怀提供易拉罐的同行们，卸完货仍然又去拾他们的破烂，而王洪怀却彻底变了。王洪怀立即办了一个金属再生加工厂，仅用了一年的时间，加工厂就用空易拉罐炼出了240多吨铝锭，三年时间，他赚了270万元。王洪怀从一个拾荒者一跃成为百万富翁！

王洪怀是个收破烂的人，可是他却没有让自己的思维停滞不前，他想到的不仅是拾，还要改造拾来的东西，这已经不简单了。改造之后能够送到科研机构去化验，就更是具有了专业眼光。至于600元的化验费，得拾多少个易拉罐才赚得回来啊，一般的拾荒人是绝对舍不得的，这就是有心人与无心人的区别，也是穷人和富人的区别。

虽然是个拾荒人，王洪怀却少有穷人心态，他没有让自己的思想埋没于无声无边的破烂当中，他敢想敢做，而且有一套巧妙的办法。这种人，不管他眼下的处境怎样，兴旺发达都只是迟早的事。

这是一个真实的故事，你还可以去调查那些成功的名人，你会发现，在他们身上，思考永不停步，所有的成功均来自平凡日子里点点滴滴的积累，成功只属于有心人。**人不可以每天沉迷于梦想，但是也不可无梦想。希望自己能够一夜暴富，但是也不会傻到坐等这一刻的降临。**

有人说，发明创造总是懒人们的杰作，这句话不无道理。人们懒于走路，于是发明了自行车、火车、汽车；人们懒于洗衣服，于是发明了搓衣板、洗衣机。但是这些懒人的“伎俩”最终提高了社会效率，为人类文明的发展做出了巨大的贡献。

从另一个角度来讲，在生活中还有许多需要改进的地方，每一个这样的地方都值得你开动脑筋。每天一个新点子，成功只属于那些真正的有心人。比如，有人发现高楼的窗户难以清洁，于是各式各样的擦窗器被发明出来。如果哪一天你发明的擦窗器能够像吸尘器一样走入千家万户，你也就发财了。

科学家认为，目前人类对大脑的开发极少。通过这种创造性的思维活动，可以让大脑得到更多的开发和应用。也就是说，发明创造是让人更加聪明的可行办法之一。

对于大多数人来说，如果你无心成为一个发明家，那么每天想一个新点子可能是你最佳的选择。当然这样的点子必须是可行的，可用的，而不是天马行空来去无踪的幻想。

◆创新，还要勇于冒险

一个人若想成就一番事业，或成为富翁，就必须把自己从胆怯和懦弱的思想中解救出来，具备敢于冒险的精神。

有人说："人生最大的价值就在于冒险，整个生命就是一场冒险，走得最远的人常是愿意去冒险的人。"事实上，冒险不只是一种勇气和魄力，其最重要的意义在于，不论最终的结果是成功还是失败，你从没停止奋斗和拼搏，这种精神是弥足珍贵的。

洛克菲勒曾对自己的儿子说："人生就是不断抵押的过程，为前途我们抵押青春，为幸福我们抵押生命。因为如果你不敢逼近底线，你就输了。为成功我们抵押冒险难道不值得吗？"

1859 年，美国的安德鲁－克拉克石油公司公开拍卖股权，其底价是 500 美元。洛克菲勒和他的合伙人也参与了拍卖。当价格攀升至 5 万美元时，人们都认为这个价格实在是大大超出了石油公司的价值，于是洛克菲勒的对手们纷纷退出。但洛克菲勒却下定决心买下这家公司，最后以 7.25 万美元的价格得到了该公司。

在当时，石油的开采和出售都是具有很大风险的事业，人们都认为这个年轻人的举动很不明智。但不久以后，洛克菲勒的标准石油公司就控制了美国市场上全部炼制石油的90%。正是石油生意为洛克菲勒的商业帝国打下了坚实的基础。

事后，每每想起那次拍卖现场的情景，洛克菲勒都激动不已。他回忆说："那种感觉就像在赌场上赌钱一样，让人惊心动魄，全神贯注。那是一场豪赌，我押上去的是金钱，赌出来的却是人生。"其实，洛克菲勒在竞拍的过程中也曾犹疑退缩，但是胜利的决心促使他很快镇定了下来，并告诫自己："不要畏惧，既然下了决心，就要勇往直前！"事实证明，冒险精神奠定了他的成功之路。

经济学家斯通指出："生命是一个奥秘，它的价值在于探索。因而，生命的唯一养料就是冒险。"是的，生命从本质上来说就是一次探险，如果不能主动地迎接风险的挑战，便只能被动地等待风险的降临。

风险与机遇并存，风险与成功同在。如果你想获取财富，赢得成功，最大的秘诀就在于敢于冒险。**冒险不是成功的唯一条件，但不冒险绝对与成功无缘**。冒险有可能让你倾家荡产、穷困潦倒，但强者还是愿意去尝试。

纵观世界富豪们的发家史，冒险是他们不可或缺的特质之一。他们以自己的自信、超强的判断力以及少有人及的魄力创建了属于自己的商业帝国。

洛克菲勒曾多次冒着极大的风险，欠下巨债，甚至不惜把企业抵押给银行，但最终他还是成功了，创造了令人震惊的成就。这也符合他的性格特征，他曾这样说过："冒险是为了创造好运。如果抵押一块土地就能借到足够的现金，让我独占一块更大的地方，那么我会毫不迟疑地抓住这个机会。"

当然了，冒险不是纯粹的“赌博”，而是需要技巧的。一个人如果能够掌握这种技巧，从风险的转化和准备上进行谋划，那么风险并不可怕。会冒险的人看似突然做出决定，行人之所不敢行的路，其实他们大都是做好了充分的准备，理智而从容。在决定一件事情之前，他们会先想到结果，如果失败了会怎样？最大的损失会是什么？如何应对这最坏的结局？

虽然说事业的成功常常属于那些敢于冒险，能够抓住时机的人，但孤注一掷往往会带来灭顶之灾，这一点是尤其需要注意的。

要想成为亿万富翁，要有敢于冒险的进取精神，要勇于打破常规，如此才能更好地把握住成功的机会。正如洛克菲勒对自己的孩子们说的那样，“你正朝着赢得一场伟大人生的方向前进，这是你一直以来的目标，你需要勇敢，再勇敢”。

◆挖出创意的金点子

提到创业，很多人都感到头疼，一是没有好项目，二是竞争太激烈，若是没有新奇的点子，很难成功！其实生活中有很多创业创意金点子，就看你有没有发现了！

要想创业成功，首先就要有创业点子或创意，再找创业伙伴和创业项目。生活中我们要面对形形色色的压力，如何致富是最关键的。很多上班族开始疲乏于每天的上下班生活，都想自己在家创业挣钱点钱，创业项目有哪些？最新创业金点子是什么？哪些是隐藏的商机？

最新创业金点子——做昆虫生意

昆虫生意，要注意的一点是，这里所说的昆虫，不是让你贩卖活虫，而是昆虫制成的保健食品。随着人们生活水平的提高，越来越多的人都开始关注自身的养生和保健，而对于可提高人体免疫力、抗疲劳、延缓衰老、降低血脂、抗癌等功效的昆虫类制成的营养品，更是成了炙手可热的东西。昆虫活性蛋白被誉为21世纪人类的全新营养食品。昆虫生意是养生致富的必备佳品。

最新创业金点子——参与餐饮行业

餐饮行业因投资门槛较低、爆发力较强，一直大受创业人士的欢迎，是最新创业金点子，也是最具长远性的行业，民以食为天，自古如此。餐饮行业专家分析认为，现阶段做餐饮仍是颇具赚钱潜力的项目，是创业者可优先考虑的行业。可从小型餐饮企业起步，逐渐累积经验和资本，逐步把企业做大做强。

最新创业金点子——开一家便利店

便利商店与大型超级市场相比，虽然在规模上有些“小儿科”，但由于经营商品以日常生活用品为主，而且具有营业时间长、方便居民购物的特点，而为越来越多的人所接受。在一些大城市便利商店发展迅速，有些日营业额可高达万元以上。

种种迹象表明，服务多元化的便利店，即除日常生活用品的零售外，还兼营其他业务，如洗衣接收、代收快递等便民服务项目。

创业创意金点子——开一所宠物幼儿园

有个人家里养有宠物狗，决定送给朋友。朋友问他，为什么不要了？他说，没办法，上班去了没人照顾它。由此可见，完全可以开间宠物幼儿园。还可以请驯狗师教一些简单的礼貌动作，附带宠物诊所、宠物粮食。

创业创意金点子——“租地”也能赚钱

现在城里的孩子接触农村很少，课堂或者家长都不能很好地让他们了解种粮食是怎么一回事。在城郊租块土地，以承包的方式租给城里人。你提供种子，在他们不在的时候帮忙照顾一下，收的粮食给客户，还可以同时提供农家乐式的休闲娱乐。

创业创意金点子——开个戒烟酒吧

开酒吧是一个永恒的点子，重在创意。现代人越来越提倡健康生活，开一间戒烟主题的温馨酒吧，效果应该不错。要求风格温馨，个性化强。个人认为，家庭式的环境比较好，招牌鲜明，强调温馨。效果好的话，可推向商业街或大型酒店聚集地。

创业创意金点子——开一间复古小酒楼

在一些古迹或旅游胜地开一间复古酒楼，服务员都扮成店小二的那种。卖一些粗茶淡饭，里面的工作人员都穿古装。配上一些花鼓戏或川剧等(现场表演)。

创业创意金点子——网吧+书吧

网吧和书吧的地点不要很繁华，要清静的地方，最好能有一个庭院。可以放些乡村音乐！看看书、上上网、听听音乐，还可以在这里交朋友。如果可以带着卖些地道的家常菜，就更好了。在周末的时候三五好友相约去网吧、书吧看看，着实是一件相当惬意的事情。

创业创意金点子——开间情趣餐厅

现在的年轻人都比较追求时尚、个性。所以，开间情趣餐厅也是一个不错的选择。情趣餐厅要求有特色桌椅，比如玫瑰款式的桌子，能承受两个人的重量的凳子。菜呢，全起一些比翼双飞之类的菜名，要做得好看一点。这个情趣要体现在外在上，就是硬件环境，比如桌椅、碗碟、菜等。

◆产品创新，服务也要创新

如今，很多企业都致力于产品的创新，其实除了产品，服务更要实现创新！用户服务，或者说是以用户为中心的服务本身并不是一个新鲜的概念，可是，多变的市场环境和激烈的竞争迫使企业必须通过不断创新服务来抓住消费者。

强大的消费者需求的洞察能力是以用户为中心的服务的前提，也是创新的第一步！

案例一：宝洁

宝洁市场部门尤其善于从消费者那里收集各种各样的信息。一次，他们发现，高亮度、珠光或金属效果的产品外观比其他质感更受欢迎。这一发现迅速传递到公司的实验室。之后，一种全新的高亮度可回收包装技术被研发出来并被运用到宝洁旗下各类产品线当中。最终，它们会被放上货架，熠熠生辉地重新展现在消费者眼前。

案例二：飞利浦

这样的创新流程在飞利浦被称为“端到端”战略。这是一条连接从消费

者调研、产品研发设计到生产管理，最后重新回到市场销售渠道的业务模式。它使得企业可以迅速捕捉市场变动，开发出满足用户期待的产品，再次投放市场。一个典型的例子是即将推出的飞利浦干湿两用吸尘器。

在中国，许多人觉得只用吸尘器而不用水拖地总是无法将灰尘清理干净，因此吸尘器这个舶来品始终无法为大多数中国家庭所接受。基于这个观察，飞利浦开发了针对中国消费者的干湿两用吸尘器。

案例三：优酷

优酷发现以周为单位，80%的用户如果在优酷找不到自己想要的内容，就会去百度搜索，甚至是去土豆、搜狐视频等同类网站挨家找。基于此，优酷推出了一个可以向用户推荐竞争对手视频资源的站内视频搜索功能——搜库。

优酷CTO姚键的构想是，以把他们“留在优酷”为第一要务。给用户提供一个区别于百度的专业视频搜索体验。为此，优酷甚至主动找到土豆、搜狐视频等网站谈合作，把流量导入它们的网站。

最终，以搜库为代表的垂直搜索引擎开始分食百度、谷歌等巨头的市场。根据中国互联网络信息中心发布的《2011年中国搜索引擎市场研究报告》，2011年10月，视频类垂直搜索搜库用户量达到4588万，已占百度用户量的17%。

优酷的做法最大的价值在于，它体现了一种服务用户的承诺和决心，即使是以推荐竞争对手的形式。而结果再次证明了这一基本信条：只要你切合了市场需求，最终一定会得到相应的回报。

在一个开放的市场里，产品的竞争越来越激烈，同类产品的质量、款式、技术含量等日趋接近，产品之间的竞争已逐步转移到了“服务”的焦点上，企业也将置身于服务经济的浪潮中。如今，通过服务创新来冲破红海，获得更多生存空间的企业已不在少数，例如上面的这些公司，都在服务创新领域有自己独特的建树。

正如海尔集团总裁张瑞敏所说：“市场竞争不仅要依靠名牌产品，还要依靠名牌服务。”企业在市场竞争中要想立于不败之地，赢得消费者的好评，要在服务创新上下功夫，既要在售后服务上创新，还要在创新服务技术上下功夫。

财富标杆：盛田昭夫——不断创新，用科技改变生活

“创新之王”盛田昭夫，带领着索尼公司不断开发新产品，以新制胜，生产出来的产品家喻户晓，在世界市场上深受欢迎。正是因为其层出不穷的创新，盛田昭夫就像钻石一样闪耀着光芒，成为20世纪70年代至80年代期间日本最抢眼、最富魅力的首席执行官之一。

以新制胜，迅速改变旧生活！索尼公司曾开发出的三种电器，改变了人们的娱乐和工作方式，使旧生活一去不复返。

索尼公司的原任社长井深大是个高尔夫球迷和音乐迷，他梦想有一天能生产出一种电器，让人们能边打高尔夫球边听音乐，这样，那些出去散步、赶路、乘车的人也可以边听音乐边做其他的事。井深大把这个想法画在一张纸上，然后告诉了实验室的科技人员。科研组根据他的构想立即进行苦心研究，在全公司和电子部门的通力合作下，终于攻克了难关—— 一种盒式的单放机研制成功了。

当美国各大广播电台正在使用录像机时，盛田昭夫认为人们在家里也应当同样能使用。广播电台使用的大尺码录像机既不方便，又非常昂贵，索尼公

司以“可以把这种机器引进家庭”为目标开始工作。电视机尽管给人们以全新的天地，但它也存在缺点——不能保存信息。索尼公司提出了“观看电视节目不受时间拘束”的新观念，首创盒式录像机，把时间转移概念应用于视频，供应公众，比其他竞争者又领先一步。

大众化盒式录像带开发也是这样，井深大拿着一本袖珍书对科技人员说：“请做成这样大小的录像带！”这就是目标，录像带盒要和书一样大小而且至少能录一个小时节目。于是，BETMAX 系统不久就问世了。

索尼公司发现西欧国家的大企业和政府部门工作人员的工作效率很高，就想创造一种比西欧工作人员效率更高的秘书工具，经过苦心研究和试制，很快推出具有微机记事功能的电子记事本。又过了两年，索尼推出掌心微机，于 1990 年投放市场，售价 1250 美元。

由于体积仍然偏大，价格又比较昂贵，销售不太理想。索尼公司立即进行研究改进，仅过了一年，又推出了“掌心微机二型”，它的体积变得更小，价格变得更便宜，只卖 500 美元，一上市一下就卖掉 10 万多件。很快，这种有微机记事功能的记事本就占领了欧美市场。

盛田昭夫不断告诉员工，不能满足于取得的成就，因为一切都在迅速变化，不仅工艺技术领域如此，人们的观念、见解、风尚、爱好和兴趣也是如此，企业如果不善于领会这些变化的意义，就不能在商界生存，在高技术的电子领域尤其如此。

索尼公司依靠不断创新，创造市场，业务获得迅速发展，已经成为世界上的大企业。索尼公司在创始人盛田昭夫的带领下，在全球市场上过五关斩六将，成功打入美国市场，终于于 1970 年在美国上市。

第三章

人脉导图：要成富人先丰富自我人脉

◆财聚人散，财散人聚

“财聚人散，财散人聚”是一条古训，源于《旧唐书》。究竟出自什么典故，不得而知，仅从字面上理解，意思是“将财物散给其他人，这些人就会聚集在你的身边；将财物聚集在自家手里，身边的人就会散去”。古人运用这个道理获得成功的例子不胜枚举，即使是在当代，有很多企业家的成功，“秘诀”之一也是“散财聚人”。牛根生就深谙其道。

一直以来，牛根生都信奉“财聚人散、财散人聚”。自2005年1月12日牛根生捐出全部股份以来，牛根生所捐股份的市值目前已经突破15亿元，相关的资金将全部用于各项社会公益事业。

刚创立蒙牛的那几年，牛根生有80%的收入都花在了“大家”的身上，他在企业里有“五个不如”：住房不如副手的阔，坐骑不如副手的贵，办公室不如副手的大，工资不如副手的高，股份不如副手的多，因为都捐了。

其实，早在伊利担任副总的时候，牛根生就曾将自己的100多万元年薪分给手下员工。当时，他分钱的目的不是救穷和救急，是给部下干活预付的报酬。如果牛根生觉得某个人干活非常有能力，只差一点动力，就会对这个人进行投资。

在牛根生看来，财产必须流动起来，该散的钱一定得散，这样才能聚集人才。所以，牛根生在蒙牛赴港上市后就将价值10亿元的股份捐献出来，成立了“老牛基金”。

作为一个私人合伙制企业，蒙牛的创业团队将自身的体制优势、行业知识与经验、后发者的刻苦敬业精神、以市场为导向的一系列创新手法，与中国乳业市场以及国际资本市场进行了有效的结合，创造出一个超速成长、高速发展的奇迹。这不能不说跟当家人牛根生有很大关系。

牛根生将钱散给了众人，却创造了一个企业界的神话。正是他善于散财，才为蒙牛招募了一大批优秀人才，使企业得以迅速发展。牛根生一直坚持认为：钱可以聚人、驭人，只有我先为人人，才能换来人人为我。

牛根生说过这样的话：企业利润低时，我们会不安，企业利润高时，我们也会不安，因为你多拿了别人的利益，别人就会离你而去。所以，他就把股权“散”给骨干层。马云企业的人才，就是“别人出三倍的工资也挖不走”，因为他们也是股东。雅戈尔一线员工都能持股，所以李如成说：“职工有了股份就像有了根一样……”

散财聚人心，是经商的至高境界！散财永远是激励下属奋勇拼搏的最佳途径，也是聚拢人心的不二法门。“财聚人散，财散人聚”，当你彻底领悟到其中的真谛后，你也就离成为富人不远了。该散财的时候一定要散，但要遵循一个原则：散财不是为了炫耀，而是为了聚人，更是为了帮人。

大海之所以能容纳百川，是因为它是在河流的最低处。蒙牛的故事再一次告诉我们，如果你将财散给其他人，将自己放低，那这些人就会聚集在你身边。如果你将财聚集在自己的手里，将自己放得太高，那么将没有人跟随你，人们就会像水一样离开。

◆利用人脉缔造辉煌

很多人都认为，比尔·盖茨之所以成为世界富豪，主要是因为他掌握了世界的大趋势，还有他在电脑上的智慧和执着。在笔者看来，比尔·盖茨之所以成功，除这些原因之外，还有一个最重要的原因就是他拥有相当丰富的人脉资源。

盖茨在IT界有着非常好的人缘，他是软件开发协会主席，并无偿公布了微软所有软件的源代码。在时下同行相斥的IT界里，他越发显得宽容无私。下面和大家一起分享一下比尔·盖茨的人际关系法则。

首先，利用自己亲人的人脉资源。

比尔·盖茨20岁时签到了第一份合约，这份合约是跟当时全世界第一强电脑公司——IBM签的。当时，他还是一位在大学读书的学生，根本不会有太多的人脉资源。那么，他是怎么钓到这条大鱼的？

原来，比尔·盖茨之所以可以签到这份合约，中间有一个十分关键的中介人——他的母亲。比尔·盖茨的母亲是IBM的董事，她介绍儿子认识了自己的董事长。假如当初比尔·盖茨没有签到IBM这个大单，怎么会顺利地掘到第一桶金？怎么会迈出进军IT业的第一步？今天，他也绝对不可能拥有几百亿美元的个人资产。

其次，利用合作伙伴的人脉资源。

比尔·盖茨最重要的合伙人——保罗·艾伦及史蒂夫·鲍默尔，不仅为微软贡献了他们的聪明才智，也贡献了他们的人脉资源。1973年，盖茨考进哈佛大学，与史蒂夫·鲍默尔结为好朋友，并与艾伦合作，为第一台微型计算机开发了BASIC编程语言的第一个版本。大三时，盖茨离开哈佛投入到和好友保罗·艾伦创建的微软，开发个人计算机软件。

合作伙伴的人脉资源使微软能够找到更多的技术精英和大客户。1998年7月，史蒂夫·鲍默尔出任微软总裁，随即亲往美国硅谷约见自己熟知的10个公司的CEO，劝说他们与微软成为盟友。这一行动为微软扩大市场扫除了许多障碍。

再次，发展国外的朋友。

发展国外的朋友，让他们去调查以及开拓国外的市场，会比自己王婆卖瓜的方式更加有效。比尔·盖茨有一个非常要好的日本朋友叫西和彦，他为比尔·盖茨讲解了很多日本市场的特点，并找到了第一个日本个人电脑项目，开辟日本市场。

最后，雇用非常聪明、能独立工作、有潜力的人一起工作。

比尔·盖茨说："在我的事业中，我不得不说我最好的经营决策是必须挑选人才，拥有一个完全信任的人，一个可以委以重任的人，一个可以为你分担忧愁的人。"

看看比尔·盖茨的成长经历，想想自己的现状，我们还少些什么呢？人

脉。并非所有的人都缺乏成就事业的人脉，但是更多人缺乏的是重视人脉的思想。从现在起，开始注重培育并且利用你的人脉吧，它会让你和比尔·盖茨一样拥有财富和成功。

美国钢铁大王卡内基说：“专业知识在一个人成功中的作用只占 15%，而其余的 85% 则取决于人际关系。无论你从事什么职业，学会处理人际关系，能够掌握并拥有丰厚的人脉资源，你就在成功路上走了 85% 的路程，在个人幸福的路上走了 99% 的路程了。”人脉是通往财富、成功的入门票，更是创富的入场券！你使用好这张入场券了吗？

◆利用人脉推动自己

每个人都有自己的朋友，而朋友又有他们自己熟悉的人，于是人与人之间如同链子一样环环相扣，结成了一张硕大的关系网。拥有良好的人脉，往往是成就大事的关键因素。因此，如果想成为亿万富翁，就要有好人脉，因为人脉越好，事情就越好办。赢得好人脉的前提，不是“别人能为我做什么”，而是“我能为别人做什么”。

1976 年，吉田美登子进入三井人寿保险公司京都分公司时，仅是公司直属企业的一名普通的保险理财顾问。可是，她善于营造顾客中的好人脉，于是迅速地成长为日本著名的保险经纪人。

一天，吉田美登子离开客户的公司去车站搭车。当她匆忙地赶到站台时，电车正好开走，而下一班车还得再等 30 分钟。吉田美登子突然发现，站台对面有一块医院招牌，于是她大步来到这家医院。

刚到门口，吉田美登子便凑巧撞上一位穿着白大褂的医生。吉田美登子一时头脑反应不过来，便劈头直说：“我是三井人寿的吉田美登子，请您投保！”遇上这么一位冒失的推销员，医生也哑口无言。好在这名医生刚刚结

束了一个病诊，心情不错，没有什么事情可做，便对吉田美登子产生了兴趣。“这么简单就要人投保呀？进来聊聊吧！”

在医生的办公室里，吉田美登子将平时所掌握的保险知识和盘托出。但是，医生却告诉她，他早已买了好几份保险。可是吉田美登子的服务态度十分认真，医生不忍心让她过于失望，于是真诚地说：“保险实在高深莫测。说实话，我已经买了五六份，每次保险推销员都说得天花乱坠，可事后我心里还是一塌糊涂。我这里有两张保单，拿回去，评估评估，就当让你学习。”

吉田美登子带着保险单分别拜访了这位医生投保的两家保险公司。在确认保单的内容之后，她为医生制作了一本图文并茂的解说笔记，又用笔画下重点，好让医生更容易了解。

当医生把解说笔记交给他的会计师时，会计师极力称赞吉田美登子的这份评估报告，而且还建议医生要买保险最好就找吉田美登子，因为她对保险知识了解得十分透彻。于是，医生正式要求吉田美登子为自己重新组合设计了已有的那六张保单，以便以较少的投入收获更大的效益。

吉田美登子的热忱态度，获得了医生的好感。后来，这位医生感激吉田美登子在保险方面给予的真诚建议与帮助，又将她介绍给了几位要好的同事。这几位同事也都请求吉田美登子为他们评估现有的保单。而她也不厌其烦地为他们制作解说笔记，详细记录何时解约会得到多少解约金、不准时缴费的结果、残废后的税赋问题，等等。

吉田美登子通过客户的层层介绍，由一个医生团体介绍到另一个团体。就这么辗转引介，吉田美登子终于拥有了“最高医师客户占有率”的保险推销员头衔。

随后，通过不断地运用由一个朋友到一批朋友的方法，吉田美登子扩大了现有的保险市场。因为她与客户的关系极为良好，拥有极佳的人脉，许多客户就会以“回馈一张保单”的方式，向吉田美登子表达谢意，并且一再地为她介绍新客户，使她的业绩一直保持着最高纪录。

生活中，多一份人脉，就少一份烦恼。好的人脉就是一张庞大而伸缩自如的关系网。拥有这张网你就可以活得轻松自在、潇洒自如，塑造一个完美的人生。

建立人脉圈的目的在于获取信息，提高你在该行业内的知名度，建立你的私人业务圈。不管多么喜欢你现在的工作，你都会希望自己能有更多机会。想想看，你该如何利用人脉圈来推动自己的职业生涯呢？具体做法包括：

1. 提前建立人脉圈

学会建立公司之外的人脉圈，不管做什么工作，你都可以汇聚更多信息。同时，可以加入一些行业协会，并保持每月至少参加一次聚会。同时，还可以让朋友给你介绍更多人脉。从根本上说，多交朋友总是一件让人开心的事。如果你想结识一些跟你志趣相投的人，最好的办法就是建立人脉圈。

2. 弄清楚你想要从朋友那里得到什么，以及你能为他们提供什么帮助

很多人不喜欢交朋友，因为他们觉得向一位陌生人求助是一件很让人为难的事。记住，助人为快乐之本，只要你的方式正确，相信大多数人都会愿意向你伸出援手。

在结识新朋友之前，可以先准备一些话题，明确自己希望从对方那里获取什么信息。要先想想看，你该如何向对方求助，是打个电话就行，还是要请对方吃饭？还有，你能帮助对方什么？记住，人脉圈总是在循环的，不仅你会

向别人求助，别人也会需要你的帮助。

3. 主动和对方保持联系

向别人求助时，一定要友好、礼貌，语言要简洁。不管通过哪种方式沟通，都一定要牢记，你是在向对方求助。如果对方很忙，千万不要去打断人家。当你在酒吧等地方坐下来跟对方聊天时，一定要买单，事后还要给对方发条短信或邮件表示感谢。

还有，千万不要事后就消失得无影无踪。牢记“3/6 法则”，即 6 个星期内至少要联系对方 3 次。如果对方 3 次都没有回复，你可以暂时忘记他，继续寻找新的朋友。

第一次会面之后，必须保持沟通渠道畅通。如果对方给你提了某些建议，记得给对方反馈，告诉对方他的建议效果好极了。要及时了解对方的职业动向，确保对方也了解你的职业发展。如果时间充裕，不妨请对方出来坐坐；放假的时候，记得给他寄张卡片。

◆从人际关系网中开发金矿

在你的人脉网络中，只要善于开发，每一个人都会成为你的金矿。我们来看一下世界一流人脉资源专家哈维·麦凯是如何利用人脉来推销自己，找到一份好工作的。

大学毕业后，哈维·麦凯开始找工作。当时的大学毕业生很少，他自以为可以找到最好的工作，可是一点结果都没有。哈维·麦凯的父亲是位记者，认识一些政商两界的重要人物，其中有一位叫查理·沃德。

查理·沃德是布朗比格罗公司的董事长，其公司是全世界最大的月历卡片制造公司。4年前，沃德因税务问题而入狱。哈维·麦凯的父亲觉得沃德的逃税一案有些失实，于是到监狱去采访沃德，写了一些公正的报道。

看到这些文章，沃德很高兴。他几乎落泪地说："在许多不实的报道之后，哈维·麦凯的父亲终于写出了公正的报道。"出狱后，他问哈维·麦凯的父亲："你有儿子吗？"

"有一个在上大学。"哈维·麦凯的父亲说。

"何时毕业？"沃德问。

“他刚毕业，正在找工作。”

“正好，如果他愿意，叫他来找我。”沃德说。

第二天，哈维·麦凯便打电话到沃德办公室，沃德说：“你明天上午10点钟直接到我办公室面谈吧。”之后，哈维·麦凯如约而至。没想到，这次招聘会变成了聊天。沃德兴致勃勃地聊起了哈维·麦凯的父亲的那一段狱中采访，整个过程非常轻松愉快。聊了一会儿之后，他说：“我想派你到我们的‘金矿’工作，就在对街的品园信封公司。”

当哈维·麦凯站在铺着地毯、装饰雅致的办公室内时，不但突然有了一份工作，而且还到了“金矿”。（所谓“金矿”是指薪水和福利最好的单位。）

哈维·麦凯在品园信封公司工作中，熟悉了经营信封业的流程，懂得了操作模式，学会了推销技巧，积累了大量的人脉资源。这些人脉成了哈维·麦凯成就事业的关键。42年后，哈维·麦凯成为全美著名的信封公司——麦凯信封公司的老板。事后，哈维·麦凯说：“感谢沃德，是他给了我工作，是他帮我创造了我的事业。”

你所认识的每一个人都有可能成为你生命中的贵人，成为事业中重要的顾客。沃德，一个曾经身穿囚衣的犯人，都有可能成就一个人的人生和事业。做个有心人，随时随地注意开发你的人脉金矿！只要你善于开发，每一个人都会成为你的金矿。

生活中充满着许多因缘，每一个因缘都会使你结识一位新朋友，拓宽你的人脉，每一个因缘都可能将你推向一个新的高峰。

要重视任何一个人，重视任何一个可以助人的机会，重视任何一次拓展人脉的时机。请相信，人际关系中潜藏有金矿，要经营好自己的人脉！

◆朋友归朋友，规矩归规矩

商场上有一句话："生意是生意，朋友是朋友。"意思是说这二者最好不要混淆，用私人感情来做生意，或者做生意中讲情感，都是要不得的。

不久前，客户跟张老板订了一批礼品，需要订制些礼品包装盒。正好有个老乡是做印刷的，想想出门在外都不容易，有生意理所当然要先照顾老乡，张老板就将业务交给了老乡。开始要求做的礼盒形状是爱心形开天窗的，老乡开始也很努力把设计稿做出来了，说可以做，报的价格比同行高了点（每件高0.2元）。

张老板想，既然要照顾老乡生意，每件高0.2元，总共也就多几百元的事情，也就不在乎了！于是就下了订单，要他过来取订金。可是，交完50%的订金后，老乡突然打电话说："做不了，而且交货时间也紧张！"

张老板没办法，只好和客户沟通，终于和客户沟通好换个盒子的形状做成长方形的。张老板又问老乡是什么价格。老乡说，在外地出差暂时没法核算，反正价格不会比同行贵。张老板想，总金额也就是几千元，只要东西做好按时交货就好了。

后来，老乡让业务员打了个样，礼盒样品是一张薄纸打印的，是用双面胶贴上的。张老板一看傻眼了，这是一个礼盒吗？张老板拿着自己的礼盒材质（瓦楞纸盒）给老乡看了下，要他按自己的材质生产，老乡说："样品只是看下颜色和图案。"张老板就相信他了。

果然，货按时交过来了，可是，张老板一看又傻眼了，和原来的样品材质一样，仅仅是规格大了一点，做的礼盒还需要张老板自己用双面胶去贴拼起来，更别说装杯子了，这下张老板无语了！客户第二天活动就要开始，张老板根本无法交货！

于是，张老板要老乡赶紧再按他的礼盒材质继续生产，可是老乡却说没法做了。张老板没办法，只好自己亲自拿着设计稿到其他印刷厂赶紧下单生产。继续和客户说明情况，晚两天交货！客户已经很不错了，表示理解！3天后，张老板终于按质按量把货交给了客户。

第四天，老乡打电话来，问张老板余下50%的货款什么时候结清？张老板气得牙齿咯咯响。质量比别人差几倍，价格比别人高了42%。张老板感到心里很不是滋味，但依然平心静气地要老乡过来面谈。

老乡来了之后，张老板拿出另一家签订的合同和礼盒给他看后："人家品质比你好了几倍，价格你比人家高了42%，都是老乡，你自己觉得怎样来处理这个事情？"老乡想了想说："给你少200元。"张老板本想按别人的成本价给他结算，但这家伙太不够人情味了，说："你做的这批货不仅影响了我的交货时间，价格还比别人贵了42%。少200元吃顿饭都不够，你居然说得出口！"

可是，老乡却说："你也没亏本啊，产品还有利润。"张老板的火更大了，可是老乡却说，余款必须付，否则吃不了兜着走！

遇到这样的老乡，确实让人上火。这个案例也提醒我们，办事还是要按规章，生意往来最好别用感情！

人出门在外总要靠朋友的，特别是生意人，这不假！特别是在外见到老乡的这种乡情愫！可是，在生意面前，一定要遵守一个原则：**朋友是朋友，规矩是规矩！一旦逾越，很容易让自己陷入尴尬的境地，甚至还会给自己带来麻烦！**

财富标杆：
俞敏洪——“土鳖”加“海龟”造就新东方成功

2006年，北京时间9月8日，新东方教育科技集团在美国纽交所上市，首日收盘价20.88美元。新东方董事长、持有公司31.18%股权(4400万股)的俞敏洪的资产一跃超过10亿人民币，成为“中国最富有的老师”。

作为国内最大的英语培训机构，新东方声名赫赫。十几年来，它帮助数以万计的年轻人实现了出国梦，莘莘学子借此改变了自己的命运。新东方为什么能从竞争激烈的英语培训市场脱颖而出？俞敏洪说，自己最成功的决策，就是把那帮比他有出息的海外朋友请了回来。“任何一个人办了新东方都情有可原，但是我就不能原谅。因为我在同学眼里是最没出息的人。我的成功给他们带来了信心，结果他们就回来了。”

1995年底，积累了一小笔财富的俞敏洪飞到北美，到了加拿大，曾经同为北大教师的徐小平听了俞敏洪的创业经历怦然心动，毅然决定回国和俞敏洪一起创业。

在美国，看到那么多中国留学生碰到俞敏洪都会叫一声“俞老师”，已在美国贝尔实验室工作的同学王强也深受刺激。1996年，王强终于下定决心回国。

之后，在俞敏洪的鼓动下，昔日好友徐小平、王强、包凡一、钱永强陆陆续续从海外赶回加盟了新东方。经过在海外多年的打拼，这些海归身上都积聚起了巨大的能量，他们把世界先进的理念、先进的文化、先进的教学方法带进了新东方。

俞敏洪笑言自己是“一只土鳖带着一群海龟奋斗”。如何将这些有个性的人团结到一起，并让每个人都保持活力和激情，是俞敏洪首先要面对的问题。

在新东方，没有任何人把俞敏洪当领导看，没有任何人会因为他犯了错误而放过他。在无数场合下，俞敏洪都难堪到了无地自容的地步，他无数次后悔把这些精英人物召集到新东方来，又无数次因为新东方有这么一大批出色的人才而骄傲。正是因为这些人的到来，俞敏洪明显地进步了，新东方明显地进步了。没有他们，俞敏洪到今天可能还是个目光短浅的个体户，没有他们，新东方到今天还可能是一个名不见经传的培训学校。

新东方在美国纽交所上市后，俞敏洪身价已逾10亿元，其他董事会成员徐小平、包凡一、钱永强身价也将上亿。如今，新东方已经成为无数人梦想的发源地和实现梦想的场所。成千上万的人通过在新东方艰苦的学习，圆了自己的留学梦。

第四章

市场导图：正确知道方能有正确结果

◆广告开路，让自己的品牌响彻市场

一位著名的诗人曾经形象地比喻：“广告是企业的化妆师。”这句话不无道理！现在，广告已经成为人们公开而广泛地向社会传递信息的一种宣传手段，人们借助广告宣传自己的企业，推销自己的产品，美化自我的形象，广告给现代经济社会带来了一道亮丽的风景，也给众多的公司和企业注入了年轻的活力。

品牌战略是企业取得成功的关键因素！**立足于自身品牌的优势，借助有效的品牌广告宣传方式，不断完善自身的产品与服务，完成品牌的成长就不是一句空谈。**要想做大做强，必须用广告开路！

红牛本来是泰国商人许书标于1966年在曼谷创设的一个功能型饮料品牌。1985年，奥地利商人迪特利希·马特希茨购买了该产品的配方和商标权，并在奥地利创立了红牛股份有限公司。目前，在功能饮料行业，红牛占有70%的全球市场份额，已成为一个全球品牌。而它的成功正是在于品牌建设，正如马特希茨说的“如果我们不创造市场，市场就不存在”。

红牛品牌全球定位为“红牛给你能量和活力”，它在美国、加拿大、英国和澳大利亚的广告语为易记和使人振奋的“红牛给你力量”；而在中国，最经典的广告语是“困了累了，喝红牛”。在全球市场开发中，“个性、幽默、创新、突破传统”成为红牛品牌的核心和灵魂，并通过这些特色与消费者建立联系。

红牛在品牌提升的广告活动中，常常是与具有亲和力的体育项目相关联的。比如，红牛赞助500位世界级极限运动员，并邀请其中突出的人员为红牛广告的代言人。在2012年伦敦奥运会之后，红牛邀请羽坛“五冠王”——林丹作为广告代言人。

此外，红牛斥巨资购买捷豹车队，并成功将红牛商标和“红牛给你力量”标语挂在了银色F1赛车的两翼。红牛甚至以“做你自己”的标语赞助红牛音乐奖。红牛品牌正是借助于种种的广告宣传，通过强势的方式深化了消费者对于其产品功能性的理解，成就了自身品牌从默默无闻到英雄品牌的神话。

如今，现代营销已经走到了产品力、销售力、形象力等诸多方面整合的阶段，形象力已经越来越受到重视。在营销的4P理论中，广告只不过是其中的“一个P”，但是广告却是消费者唯一都能看到的，也是最吸引人的部分。

广告最主要的作用表现在以下几个方面：

1. 广告是最大、最快、最广泛的信息传递媒介。通过广告，企业或公司能把产品与劳务的特性、功能、用途及供应厂家等信息传递给消费者，沟通产需双方的联系，引起消费者的注意与兴趣，促进其购买。因此，广告的信息传递能迅速沟通供求关系，加速商品流通和销售。

2. 广告能激发和诱导消费。消费者对某一产品的需求，往往是一种潜在的需求，这种潜在的需要与现实的购买行动，有时是矛盾的。广告造成的视觉、感觉印象以及诱导往往会勾起消费者的现实购买欲望。有些物美价廉、适销对路的新产品，由于不为消费者所知晓，所以很难打开市场，而一旦进行了广告宣传，消费者就纷纷购买。另外，广告的反复渲染、反复刺激，也会扩大产品的知名度，甚至会引起一定的信任感，也会导致购买量的增加。

3. 广告能较好地介绍产品知识，指导消费。通过广告可以全面介绍产品的性能、质量、用途、维修安装等，并且消除他们的疑虑，消除他们由于维修、保养、安装等问题的后顾之忧，从而产生购买欲望。

4. 广告能促进新产品、新技术的发展。一种新产品、新技术的出现，靠行政手段推广，既麻烦又缓慢，局限性很大，而通过广告，直接与广大的消费者见面，能使新产品、新技术迅速在市场上站稳脚跟，获得成功。

5. 广告是艺术含量很高的一种宣传手段，能给消费者以美的享受，一则好的广告会标新立异，出其不意，用特效烘托气氛。

如今，消费者看到最多的是广告，给消费者印象最深刻的也是广告，其余的产品、渠道、价格等部分是一般的消费者看不到的，而要在实际的消费中才能感受到。

但是，单纯的产品广告在现代营销中显得势单力薄，必须借助品牌形象代言人在更高的层面将各类产品统领在一面旗帜下。而品牌形象代言人易于消费者辨认，不仅给产品制造商带来了滚滚财富，也在消费者心目中形成了感性因素，因此备受关注。

◆洞察市场玄机，掌握商场主动权

在商业领域，成功需要机遇。而所谓的商机，就是市场的需求。谁先发现了需求，创造了需求，或培养、诱发了人们的需求，将小众产品大众化，谁就是成功者，就是引领市场热点的行业先驱。因此，**在创富的过程中，就要拥有敏锐的市场洞察力，如此你就成了商业领域的佼佼者。**

“迈出一步，感受精彩生活。”中国“鞋王”森达在悉尼奥运会期间，这一精彩广告，曾倾倒无数消费者。但也有一些人，为无法感受森达人创造的“精彩生活”而苦恼。

秦皇岛消费者鲁千宏在给森达集团发来的传真中说：“因为我的脚大，多少年来一直为买不到品牌皮鞋而苦恼，许多次驻足在森达专柜前，久久不愿离去。”

森达人敏锐地意识到，这群由特型脚、异型脚、残疾人等组成的特殊消费群体，对穿名牌皮鞋的渴望尤为强烈。为此，森达为特需人群开展定制服务，提供内高跟、外高跟、平足心、特大号、特小号之类特殊性、个性化皮鞋。森达这一全新的“点菜式”服务，赢得了消费者的垂爱，每天都可从传

真、电子邮件，以及专卖店、专柜获得上百双皮鞋订单。

定制服务与其说是为消费者解决了心头苦恼，还不如说是为森达新做了一个潜力巨大的“蛋糕”。定制一双皮鞋，就是培养一个终身顾客，将每位顾客当作一个单位来经营，在时间的迅速性、承诺的可靠性和技术的准确性上下功夫，必然会让森达新世纪拥有一个新的增长点。从消费者的“苦恼”中发现市场，做新“蛋糕”，不得不让人佩服森达人的眼力。

真正成功的老板并不是玩弄数字的高手，而是善于顺应趋势和营造市场的佼佼者，且这样的成功，绝对是可以复制的。

无独有偶！

张瑞敏崇尚“消费者的难题，就是技术开发的课题”，在四川的时候，他发现那里的农民用洗衣机来洗红薯。海尔技术人员认为，应该教会农民如何用洗衣机，而不是开发一个洗红薯的洗衣机。张瑞敏则说，有这么一个市场需求就应该开发这么一个洗衣机。后来，大地瓜洗衣机出来了，占领了一个新市场。

在充满迷雾的市场上，发掘到潜在的商机就等于成功了一半！未知总是可以创造奇迹，新生事物的生命力足以创造一个帝国。正如一位伟人所说，一些人之所以成功，不是因为他们足够幸运，而是因为他们有一双慧眼，善于捕捉机会罢了。

市场营销学上，还有一个非常经典的故事：

美国有家制鞋企业派了一位推销员到非洲一个国家推销产品，这位推销员不久后拍回一份电报，说：“此地的人都不穿鞋，没有市场。”后来，这家公司又派了一个推销员到该地，这位推销员则兴高采烈地向公司报告：“这里不生产鞋，有广阔的市场！”

从“没有市场”到“市场广阔”，一切都没有改变，唯一不同的就是推销员的市场眼力有高低。当今的时代，不是缺乏市场，而是缺乏发现；不是缺乏商机，而是缺乏眼力。市场本就存在，商机到处都是，如果市场眼力差，不善于独辟蹊径，习惯于盲目跟风，趋同竞争，市场和商机自然会从身边悄然溜走。

在创富的过程中，要勤于捕捉、占有和利用市场信息，深入研究和把握消费需求，广泛采用新技术、新工艺、新材料、新知识，解决消费者的“难题”和“苦恼”。只有这样，才能炼就发现市场、捕捉商机的“火眼金睛”。

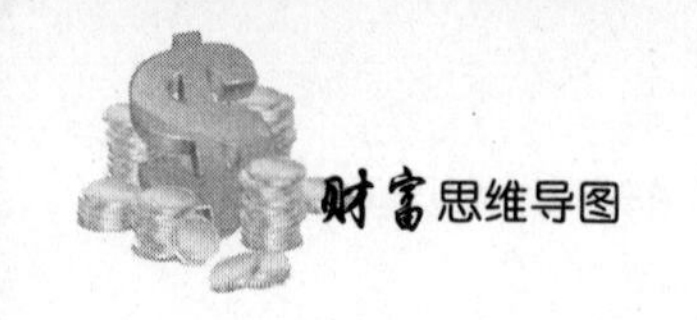

◆眼光独到才能找准市场

在事业的开拓和奋斗中，有的人成功了，闯出了自己的一片天地，开创了自己光明灿烂的事业前景；然而有的人就历经坎坷，事业道路总是曲折不堪，坎坎坷坷；开创事业虽然要有机遇，要有天时地利人和，然而更重要的是要有正确的“眼光”。

野泉有一篇文章《眼光》，他用寥寥数语，就将成功的企业家的成功因素描写了出来，文章中说道：

美国企业家协会主席说过一句话：“成功企业家的共同特点，首先在于他们都有正确的判断力。”这个“正确的判断力”，我想就是人们通常说的“眼光”吧。这里包括战略眼光、政治眼光、科学眼光、商业眼光、艺术眼光……总之，古今中外的一切事物都可以与“眼光”联系起来。我们赞美一个人，通常说他“高瞻远瞩”；批评一个人，则说他“鼠目寸光”。

所谓“眼光”，就是“见识”，就是“对事物的看法”。“明者远见于未萌而智者避危于无形”，这是司马迁对眼光的高度表述。棋道如此，商道如此，战争如此，人生亦如此！人，眼光看得远，才能走得远，才能做得长，做得远！

成功的一个重要因素之一，就是有独到的眼光。什么叫眼光？就是能够发现别人所不能发现的赚钱机会。很多赚钱的机会，为什么你不能够发现，他能够发现呢？因为他有眼光！

企业家眼光是指哪些方面呢？主要就是对市场的审时度势、通权达变：哪一个投资领域是好的？哪一个产品是好的？企业该怎样应对市场变化？谁能够首先发现了，能率先开拓市场，谁就具备企业家眼光。

企业家眼光怎样表现出来呢？准确地判断市场走势，该出手时就出手，就是对企业家眼光的考验。独到的企业家眼光可以看到一般人看不见的东西，比如：表面价格背后的实质价格，低迷企业未来的光明前景……

企业家的眼光意味着什么呢？企业家眼光能决定企业的生命力，果断有效的抉择是需要以正确的眼光为依据的。这种远见是一种企业家眼光，能看到市场的实质。

1980 年，23 岁的孙正义回到日本。虽然他的目标很大，但他并没有急着去做事情，而是花了 1 年多的时间来想自己到底要做什么。

说是“想”，当然不是待在屋子里神游八极，他把自己所有想做的事情都列出来，而后逐一地做市场调查。孙正义显然是一个想法很多的人，他想做的事情有 40 种之多。对这 40 种项目，他全部都做了详细的市场调查，并根据调查结果，做出了 10 年的预想损益表、资金周转表和组织结构图。每一个项目的资料有三四十厘米厚，40 个项目的资料全部合起来，文件足有十多米高。

然后，他列出了选择事业的标准，这些标准有 25 项之多，其中比较重要的有：第一，该工作是否能使自己持续不厌倦地全身心投入，50 年不变；第

二，是不是有很大的发展前途的领域；第三，10年内是否能成为全日本第一；第四，是不是别人可以模仿的。

依照这些标准，孙正义给自己的40个项目打分排队，计算机软件批发业务脱颖而出。1981年，孙正义以1000万日元注册了Soft Bank，直译过来就是“软件银行”。

公司成立的早晨，孙正义搬了一个装苹果的箱子，站上去对两名雇工发表演讲：“5年内销售规模达到100亿日元，10年内达到500亿日元。要使公司发展成为几兆亿日元、几万人规模的公司。”两个雇员听得张大了嘴，不久，他们都辞职了。

当时，孙正义的一个基本想法就是不做太技术化的事情，要做一个基础设施商。比如，开发软件要冒很大的风险，搞不好就栽了，但是做软件的销售风险要小得多。

在进入软件批发行当之后，孙正义发现宣传自己、宣传产品很重要，媒体是一条很重要的“路”，于是他决定发展自己的媒体事业。很快，他就有了五六家计算机专业媒体，并进一步发展其他媒体。

后来，孙正义还一度和传媒大王默多克结盟，向电视进军。后来，孙正义涉足展览行业，花巨资买下了著名的COMDEX，使自己处于IT界的风口浪尖。1995年投资雅虎之后，Soft Bank开始转型，逐渐成为一个专门投资互联网的风险投资商。

虽然现在还很难判断孙正义对互联网的情有独钟到底会带来什么，但是，如果一个人用了十几米厚的资料来做事业选择，如果一个人的目光看的总是几十年甚至几百年之后的事情，想让这样的人彻底失败都难。

◆高瞻远瞩，会守市场更会开拓市场

张茵，是2006年度最热门的话题人物。2006年10月，随着胡润中国百富榜的公布，张茵成为中国第一位女首富。玖龙造纸有限公司董事长，身价270亿元，张茵的财富超出第二名——2005年的首富国美电器老总黄光裕70亿元之多，这个有些陌生的名字也随即迅速出现在公众视野中。

财富让张茵跃上了金字塔的塔尖，她是如何挣到这270亿元财富的？一个女性，究竟凭借什么样的才干，在竞争激烈的商业领域里，击败其他的男性对手，登上财富榜的巅峰？其中原因之一就是敢于开拓市场，跨国经营，赴美打天下。

1990年，张茵意识到香港已经满足不了内地的原料需求，决定到美国打天下，成立了生产造纸原料的美国中南公司。这一决定使她从中国走向世界。

胡润2006年中国百富榜出炉以后，一夜间，张茵成了公众关注的焦点，作为第一个登上中国富豪榜的女富翁，张茵当选为2006年的CCTV中国经济年度人物。

有非议者认为，仅凭一个财富排行不足为道，但从张茵创业的经历来看，

2006年“经济领域的奥斯卡”的红地毯上应该有这个中国“阿信”的一席之地。

作为一个白手起家的女性，张茵的财富故事带着草根创业的传奇色彩，走进并照亮我们的视野，其背后的自强不息、开拓创新，正是这个时代所呼唤的精神，是中国经济年度人物评选中所看重的重要品质。

放眼古今，哪项重大发明或发现不是在此精神推动下而获得成功的？让世界景仰的中国四大发明，哪一项不是前人突破樊篱，运用智慧，斩断束缚思维绳索的成果？

在牛顿的经典力学统治物理学的时代，在物理学已被认为尽善尽美的时候，爱因斯坦的“相对论”横空出世；在许多科学家认为不可能的时候，居里夫人，安安静静地蹲在实验室里，呕心沥血地积累失败的教训，走在众人的前面，从六千吨沥青中提炼出了三克镭。

开拓意识，就是敢为人先的精神！敢为人先的精神，让世界由黑暗走向光明，从未知走向已知，从愚昧走向智慧。

◆机智果敢，扩大市场占有率

市场是有限的，但企业提高产品的市场占有率的机会是无限的。怎样才能寻找并更好地抓住这些无限的但转瞬即逝的机会呢?

1956年，宝洁公司开发部主任维克·米尔斯在照看其出生不久的孙子时，深切感受到一篮篮脏尿布给家庭主妇带来的烦恼。洗尿布的责任给了他灵感。于是，米尔斯就让手下几个最有才华的人研究开发一次性尿布。

一次性尿布的想法并不新鲜。事实上，当时美国市场上已经有好几种牌子的一次性尿布了。但市场调研显示：多年来这种尿布只占美国市场的1%。原因首先是价格太高；其次是父母们认为这种尿布不好用，只适合在旅行或不便于正常换尿布时使用。调研结果：一次性尿布的市场潜力巨大。

宝洁公司产品开发人员用了一年的时间，最初样品是在塑料裤衩里装上一块打了褶的吸水垫子。但在1958年夏天现场试验结果，除了父母们的否定意见和婴儿身上的痱子以外，一无所获。

1959年3月，宝洁公司重新设计了它的一次性尿布，并在实验室生产了37000个样品，拿到纽约州去做现场试验。这一次，有2/3的试用者认为该产

品胜过布尿布。1961年12月，这个项目进入了能通过验收的生产工序和产品试销阶段。

公司选择美国最中部的城市皮奥里亚试销这个后来被定名为“娇娃”(Pampers)的产品。在6个地方进行的试销进一步表明，定价为6美分一片，就能使这类新产品畅销。

宝洁公司把生产能力提高到使公司能以该价格在全国销售娇娃尿布的水平。“娇娃”尿布终于成功推出，直至今天仍然是宝洁公司的拳头产品之一。

当一个企业进入市场，拓展市场并巩固市场之后，面临的下一个问题便是，企业怎样通过有思路地、有组织地、有方法地、有技术地、有结构地，对企业进行重组、重构、重整，突破阶段性极限，使市场有效提升、扩张。

长期以来，市场占有率一直是企业所关注的焦点，因为市场占有率能够直接反映企业在行业中的地位和实力。**在市场占有率导向下，要尽各种办法来提高市场份额。**

何谓市场占有率？市场占有率指在一定的时期内，企业所生产的产品在其市场的销售量或销售额占同类产品销售量或销售额的比重。其公式为：

市场占有率＝（该品牌实际销售数量/行业实际销售数量）×100%

市场占有率是衡量企业经营态势和竞争能力的重要指标。企业市场占有率高，不仅可以使企业积蓄丰富的有关生产和营销方面的信息和经验，还能使企业接触到更多顾客，进而获得更大的市场信息，改进并向顾客传输企业信誉、企业文化、企业形象等无形资产，提高品牌知名度和影响力。

一个企业市场占有率的高低要受多方面因素的影响，其中包括：产品质量、价格、供应量、销售服务、促销方式、竞争策略、品牌知名度等。要提高市场占有率，企业对市场占有率影响因素的分析是必不可少的。通过分析，企业可以找出本企业产品所存在的问题，然后找出解决问题的方法，提高市场占有率。

如果企业的市场占有率突然下降，则可以从这4个方面找原因：一是企业失去了一些顾客，导致较低的顾客渗透率；二是现有顾客在使用多个企业的商品，导致较低的顾客忠诚度；三是企业的价格竞争力减弱了，导致较低的价格选择性；四是产品铺货不到位，渠道网点主推率不高。如果市场占有质量不佳，就要采取进一步对策，防止市场占有率的下滑。企业应该认真分析影响市场占有率的每一个因素，并制定相应对策，提高市场占有率，增强市场竞争力。

◆做好市场宣传很重要

宣传是一个综合因素，是集市场、宣传、广告、形象、品牌、文化、政治等于一体的整体概念。宣传工作对企业发展的作用，如绿叶之于鲜花，更如营养之于肌体；是对企业的外部包装，更是对企业内涵的升华。

在现代社会中，个人要自我包装并且向外界展示自己，企业同样也需要靠宣传来对内凝聚人心，对外树立形象。完全过那种自给自足、不与外界发生联系的生活是不可想象的。企业要生存要发展，就要同社会发生关系。制作的标书，工地树起的企业标识，甚至每一位员工的言行，无不是一种企业宣传的形式和体现。认为宣传无用的人，其实也在不自觉地进行着各种各样的宣传活动。

在创富的过程中，要转变对宣传的认识，改进宣传的内容，创新宣传的方式，真正发挥它应有的作用。

1. 观念上要转变

事情的成败首先取决于观念上的认识，对产品和企业的宣传工作，不能只看到眼前的投入，更要看到它所带来的无形效益；不能只当作是可有可无的工作，而要当成常规性的重要工作；不能只满足于小富，而要向着更大的目标迈进。

总之，在观念上，要以市场宣传为目标，宣传是为市场服务的，宣传工作不仅是市场工作的一部分，而且要把宣传工作提升到企业文化建设的高度。

2. 内容上要改进

创富要与中心工作紧密结合，围绕经济工作来开展；要与员工利益紧密结合，理顺员工思想，统一内部认识；要与市场经济紧密结合，关注市场动态，提供市场信息。

创富要站在企业文化建设的高度，多方位考虑，要考虑到市场的目的。宣传是可以创造效益的，是可以促进销售的，是可以赚钱的，所以一定要对外展示实力，体现形象，树立品牌，促进销售。

创富要考虑到文化的目的，宣传是可以统一认识、统一思想、团结力量、凝聚人心的，所以一定要对内高度重视全员参与提高素质，促进团结。

3. 方式上要出新

创富在宣传的方法手段上，要尽量避免正面说教、直接灌输式的传统宣传方式，多采用职工喜闻乐见、社会易于认可的手段。比如：开展多种活动，潜移默化法寓教于乐；挖掘企业内涵，拓宽报道的层面与深度；加强与媒体的沟通，扩大宣传的影响与效果。

总之，要想在市场中生存发展，求得一席之地，就要对宣传工作重新进行审视和定位，以市场宣传为主要内容和工作目的，站在企业文化建设的高度，为企业营造良好的内外发展氛围，从而推动企业持续健康快速发展。

财富标杆：
卡尔·阿尔巴切特——用简单和低价征服世界市场

卡尔·阿尔巴切特，德国企业家，德国首富。他与弟弟泰欧·阿尔巴切特一同创建连锁折扣超市阿尔迪（ALDI）。2011年《福布斯》全球亿万富豪排行榜，他以255亿美元位列第12，2013年福布斯全球亿万富豪榜排名第18位。

在德国，90%的人会光顾当地著名连锁超市阿尔迪，但他们许多人不一定知道它的老板是谁。而在德国以外，这家超市的老板——阿尔巴切特兄弟更是几乎无人知晓。留心的人只是在每年的《福布斯》全球富豪排行榜上看到阿尔巴切特兄弟的名字。那么，他们是如何苦心经营，由位于穷乡僻壤的食品店店主，演变为海内外赫赫有名的零售巨商的呢？

原则：低价，再低价

“二战”结束后，兄弟俩从战俘营回到家乡埃森，从母亲手里接过一家以卖食品为主的杂货店。当时的德国满目疮痍，人们囊中羞涩，只求有最基本的生活必需品来满足温饱。阿尔巴切特兄弟为了招揽顾客，把商品卖得尽可能便宜。他们做生意的原则只有一个——“低价”。这一低价原则大受顾客欢迎，慢慢地阿尔巴切特兄弟开起越来越多的分店。到20世纪50年代末，他们的连锁超市已经达到300多家，年营业额超过一亿马克。

1962年，他们把在多特蒙德开的一家超市命名为“阿尔迪（ALDI）”，其余的店也陆续改用这个名字。“ALDI”是“阿尔巴切特（Albrecht）”和“折扣（Discount）”这两个单词的头两个字母的组合。阿尔迪所遵循的原则就是“低价，再低价”，经营的商品一般比其他超市便宜一到两成，有的甚至便宜一半。

为了降低经营成本，阿尔巴切特兄弟处处精打细算。阿尔迪每间超市的面积大多在1000平方米以下，店面装修简朴，商品摆放紧凑，除少量冷藏食品有冰柜外，大部分商品都放在原包装纸箱里出售，由顾客自取。在每家阿尔迪连锁店里，虽然常常顾客盈门，但店内一般只设两三个收银台，聘用的员工也只有几个人，他们每人身兼数职，经理也不例外。清闲的时候员工则轮流整理货物，清理商品包装。

阿尔巴切特兄弟的管理方式自成一体。与美国沃尔玛、法国家乐福等大型连锁超市的张扬做派不同，阿尔迪始终表现低调。如今，阿尔迪已经发展为拥有几千家连锁店的大公司，它也没有公关部和广告部，不做市场调查，广告投入只占营业收入的百分之零点几。它向外界宣传自己的主要方式，就是每周出一张名叫“阿尔迪讯息”的商品彩页，告诉人们下周它将提供哪些特殊商品。

这种不遗余力压缩成本的做法换来的回报就是：节约下来的经营成本让

利给了消费者。在阿尔迪，一盒36张两卷装柯达彩色胶卷只卖2.99欧元，价格相当于专业用品商店的约四分之一，这就大大促进了商品销售量的增加。

特色：少得可怜的商品品种

阿尔迪连锁店另一个明显特点是：商品只有六七百种，而且同一类商品只有一两样可以选择。这与沃尔玛的15万种商品相比，实在是少得可怜。

美国《商业周报》描写道："在阿尔迪连锁店里，罐装芦笋和沙丁鱼罐头塞满了纸箱，堆在货架上。收银台前的等候区最多只能让10个人容身。卫生纸只有两种牌子，腌菜只有一种。但是，它的价格低得惊人：三张冷冻比萨只卖3.24美元。"

阿尔巴切特兄弟对此总结说，依他们的经验，供应商品的品种少，反而会使零售额上升，而与同类食品连锁店相比，这样做经营成本也要低得多。

严格控制商品品种的数量，结果单一商品的销售额非常大。由于阿尔迪连锁超市对单一商品的订货量在同行业中名列前茅，它可以利用采购量庞大的优势，来大幅度降低采购成本，实现商品的让利销售。

据称，阿尔迪与供应商签订的每份合同金额都不少于50万欧元，大部分合同的期限长达10年。由于订货量大而且稳定，各路厂家都巴不得成为阿尔迪的指定供货商，并愿意向它提供价格上的优惠。

第五章

信誉导图：做事先做人　诚信是根本

◆信誉比金钱更重要

成为亿万富翁的过程，也是学会做人的过程。做人就应该像天鹅爱惜自己洁白的羽毛一样，不让自己的名声沾上任何污点。要想把握住自己的命运，首先就要把握好自己的信誉，因为信誉比金钱更可贵！

有个年轻人进城工作时还不到20岁，因为父母早亡，原来的家庭经济条件也不太好，可他对人比较诚恳。改革开放后，年轻人开始在平湖沿海一带做土方工程，从小打小闹开始，如今也有了3台挖掘机，手下有七八十个员工，一年的生意有近千万元的出进。

谈到这几年生意场上的经验，他说："我做的就是信誉第一，做老实人办老实事儿不吃亏，无论对客户还是对员工，都坚持守信用。由于说到做到，所以客户都愿意和我打交道，员工愿意为我出力。如果不讲信誉，随意许诺却不兑现，时间长了自然会削弱大家的信任，生意怎么能做好？"做生意其实就是交朋友，朋友之间要互相信任，既要让朋友信任，也要信任朋友，有时帮了朋友，看似吃亏了，但对方如果有业务，肯定会先考虑你。如果对朋友的项目做得考究，他是不会忘记你的。他多找你做两次，或价格稍让一点，你不就赚回来了。做生意要一笔一笔慢慢来，要细水长流，慢慢积累。

年轻人的文化并不高，很可能没有读过孔子那句“言必信，行必果”的名言，但他却总结出了生意场上“要讲信誉”的这条经验，其实就是对孔子那句“言必信，行必果”的最好注释。

无论做什么，信誉永远是一个人无形的财富。有些企业老板一开始生意也不错，但由于市场变化等多种原因，一些老板就要起了小聪明。比如，对员工许诺不兑现，拖欠工资，降低福利待遇；又比如，对客户偷工减料、以次充好等。这些老板要的小聪明，可能瞒过了一时，骗过了一些耳目，但时间长了，这些小聪明就会被识破，其结果可想而知。

如果一个人靠吹牛东骗西骗，只会让客户跑光，员工也跑光，即使自己开始的时候做得还不错，慢慢也会让自己失去生意。做生意首先是做人！

要想在生意场上立于不败之地，就要坚持信誉第一。信誉是一个人无形的财富，只要有一次不诚实不守信诺的情形出现，多年积攒下来的信誉就会全线崩溃，而且补救起来的难度比毁坏时要难得多。

1835年，摩根先生成了一家名叫“伊特纳火灾”的小保险公司的股东。当时，这家公司不用马上拿出现金，只要在股东名册上签上名字就可以成为股东，而摩根先生正好没有现金却想获得收益。

很快，有一家在伊特纳火灾保险公司投保的客户发生了火灾。按照规定，如果完全付清赔偿金，保险公司就要破产。股东们一个个惊慌失措，纷纷要求退股。

摩根先生仔细思考后，认为自己的信誉比金钱更重要，于是便四处筹款，并卖掉了自己的住房，低价收购了所有要求退股的股份。然后，他将赔偿金如

数付给了投保的客户。一时间，伊特纳火灾保险公司声名鹊起。

身无分文的摩根先生成为保险公司的所有者，但保险公司已濒临破产。无奈之中，摩根先生打出了这样一条广告：凡是再到伊特枘火灾保险公司投保的客户，保险金一律加倍收取。没想到，客户很快蜂拥而来。

原来，在很多人的心目中，伊特纳公司是最讲信誉的保险公司，这一点使它比许多大保险公司更受欢迎。伊特纳火灾保险公司从此崛起。

多年后，另一位摩根先生主宰了美国华尔街金融帝国。而当年的摩根先生，正是他的祖父，是美国亿万富翁摩根家族的创始人。

纽约大火烧出来的信用，后来成了摩根家族的遗传基因世代相传，传到 J.P. 摩根身上时，将其发展成一套基本的经营哲学和人生哲学，从而也建造起他的金融帝国。成就摩根家族的并不仅是一场火灾，而是比金钱更有价值的“信誉”。

富兰克林曾经说过：“信誉与生命同样重要，是一种丢失了就永远也不可能找回来的无价之宝。”所以成功的人生必须以信誉为依托，珍惜自己的信誉，才能实现人生的理想。

◆打造好信誉这个金字招牌

有一次，凤凰卫视在香港召开股东大会，一位特意从内地赶来参加会议的股东在建议书中说："我们最引以自豪的，是凤凰的诚信……" 长乐先生当时听了非常感动。

"诚信"二字，就是企业的金字招牌，尤其是对媒体而言。如果你说的话没人相信，那这个媒体还能持久吗？你总是骗人，你的企业能长久吗？

信用可靠是经商之道！不论经营规模大小，一定要有信用，有了信用，各方顾客才会云集而来。

每年二月二龙抬头，是同仁堂大栅栏老药店一年一度净匾的日子。净匾，也意味着敬匾。用同仁堂人的话说，300 多年的金字招牌，得在老百姓心里立得住，容不得半点污、一丝尘。无论是药厂还是门店，同仁堂都带着浓浓的"京味儿、药味儿、人情味儿"。

2008 年汶川地震后，震区药品需求量猛增。同仁堂的"血毒丸"治疗皮肤病疗效显著，很快售罄，当地一家经销商要求配货。当时，震区交通中断，使用平常的物流渠道，至少一个星期才能把药品配送到位，同仁堂决定用飞机，第一时间将500多盒“血毒丸”配送到震区。

“运输成本陡增，原售价还抵不上空运费，老百姓哪里买得起？”经销商犯了嘀咕。可是，让经销商没想到的是，同仁堂仍按原价卖，至少亏了20万元。

这不是同仁堂第一次主动赔本。早在“非典”时期，市民抢购中药“八味方”。在原材料价格疯涨的情况下，同仁堂同样承诺“不涨价”，累计向市民提供中药300万服，但赔了600多万元。

如果从经济上讲，同仁堂是亏了，但没让老百姓买不到、买不起同仁堂的药。所以从信誉上说，他们赢了，老百姓对他们更信任了。

巴顿将军曾说过，只要忠诚就能做到不折不扣地执行，只有忠诚的士兵才会心甘情愿为他的国家流血牺牲。一个人的忠诚度越高，他的执行力也越强。诚信是社会关系的黏合剂，能使夫妻之间和谐生活，商业买卖不受损害。**没有诚信，婚姻将会失败，企业将陷入混乱。所以，做人要对上不欺天，对下不欺人，对内不欺心，对外不欺世。**“二战”英雄巴顿将军就是一个极讲信用的人。

巴顿烟瘾很大，在一次盟军会议上，他抽光了自己的烟，便向身边一位英国军官讨烟抽。英国军官慷慨地将自己的烟放在桌上，随便他抽。会后，巴顿对英国军官说：“谢谢你的烟，味道真是好极了！以后有机会，我会送你一些雪茄。”英国军官以为他说客气话，并未放在心上。

几年之后，英国军官收到一箱从美国寄来的上好的雪茄，是巴顿寄来的。原来，他好不容易才打听到英国军官的地址。英国军官既意外又感动，逢人就说：“巴顿真是一个值得信赖的人。”

虽然一个人在小事上守信，未必说明他在大事上一定守信，但给人的印象的确是如此：可以马虎的事尚且郑重其事，怎么会在大事上随便呢！

如果只在方便的时候守信，一旦可能遭受损失便变卦，那不是真正的守信。一个讲信用的人，为了兑现自己的诺言，即使受损失也在所不惜。因为他们明白，失信损害情谊，自然也将大大破坏生意上的关系。**人们首先要相信你，才会相信你的观点和你的产品。别人觉得你不可靠时，你的机会就会全部失去。**

◆信誉赢人心，钱心跟着人心走

历史上，有个著名的“商鞅变法”：

秦国商鞅变法时，为了取信于民，特意在秦国国都的南门外竖起一根长木，张榜宣告说，无论谁把长木搬到北门外，都将赏赐五十金。

由于长期受权贵愚弄，没有一个百姓争抢着去赚取赏金。有个人抱着试试看的想法把长木扛到北门外，结果令人不可置信地得到了五十金。

通过这一件事，全国人都知道商鞅守信用，有诺必应。新法公布之后，一呼百应，没有不遵守的。

古人尚且如此，今人更须借鉴！

在竞争与商业宣传之中更要注重求信誉、讲诚信，如今许多企业长盛不衰的奥秘都在于此。在网上曾经看到这样一篇文章：

世界知名企业多米诺皮公司，在经营活动中始终如一地保证最多在30分钟内将客户所订的货物送到任何指定地点，这是他们在众多的竞争对手中得以站住脚的关键所在。

这家公司的供应部门在任何时候都能保证公司分散在各地的商店和代销

点不会中断货物的供应。如果这些分店和代销点因商品供应不及时而影响客户的利益，那就是供应部门最大的损失。

有一次，长途汽车运输货物时出现故障，而车中所运的货物正是一家商店急需的生面团。公司总裁弗尔塞克得知这一情况后，当即决定包一架飞机，把生面团及时送到那个将要中断供应的商店。

“几百公斤生面团，值得包一架飞机吗？”当时有人不理解，提出疑问，“送的货物的价值还不及运费的1/10呢。”

“你们感到奇怪吗？”弗尔塞克总裁回答说，“我们宁可赔偿高额的运输费，也不可中断供销店的供货，飞机为我们送去的不仅是几百斤生面团，而是多米诺皮公司的信誉，是比我们的生命更重要的信誉。”

当几百公斤生面团抵达那个商店时，商店经理欣喜若狂：“如果让顾客失望地空着手回去，那可真是我们商店的罪过，我们哪里还会有脸在这里做生意。”在他们看来，不能让顾客满意比什么事情都令人懊丧。

当今市场竞争残酷，令很多目光短浅的企业在谋求经济利益的同时抛弃了正确的发展理念，搞短期行为，在公众面前豪言壮语，背地里做些蝇营狗苟的事情，兴败就在一夜间。可更多的企业越来越意识到，市场竞争的残酷更加说明了诚信的重要性，只有企业尊重市场，市场才会青睐企业。这样的企业不仅在努力兑现对员工改善生活的承诺，也在想尽一切办法，运用多种手段，来满足市场的需要。

俗话说，“骗人一时，不能骗人一世”。**要想在商业竞争中获得长久的发展，只能靠信誉和真诚树立自己的企业形象，能得一分便得一分，不能靠搞欺诈和蒙骗赚钱**。否则，不但会使广大的社会公众受害，企业早晚也会被消费者抛弃，最终在发展中被拉下马来。

◆言出必行，诚实守信得人心

“言必信，行必果。”这是中国古人加强自身修养的信条。丧失了诚信，也就是丧失了持续发展的重要精神动力。采取欺诈蒙骗的手段来获取短期效益，无异于饮鸩止渴。

东汉末年，天下大乱，众豪杰并起逐鹿中原。袁术是个世家子弟，仗着祖辈的余荫坐镇一方，也想趁机有所作为。此时“江东杰俊”孙策屈事袁术，袁术为了激励孙策为自己卖命，曾许诺说：“只要你攻下九江就让你任九江太守。”但孙策攻克九江后，袁术却任陈纪为九江太守，孙策的感受可想而知。

过了一段时间，袁术为了让孙策去攻打庐江，又许诺说：“现在你去攻打庐江，胜利后就任命你为庐江太守。”孙策心中升起一线希望，受命而去，最终得胜而归。不料，袁术却不提加封之事，把庐江太守的位子给了老部下刘勋，根本不拿孙策当回事，孙策对袁术彻底失望了。

后来，孙策借征讨江东之机，要求袁术派兵。袁术信以为真，认为孙策依然会死心塌地地为自己卖命。结果，孙策率领父亲旧部重臣等朝江东开进，开疆拓土，脱离袁术，势力发展得越来越大，最终占据了江东。

袁术因为不守信用失去了孙策，手下又无其他能人，最终穷途末路，吐血而死。

优秀的管理方式，并不在于你是谁，你说了些什么，你是怎么说的，而是在于你是怎么做的。管理者本身代表的就是一种权威，一旦做出承诺，下属就会对领导产生期望。少说漂亮话，多做实际事，言出必行，说到做到，既能够显示出管理者的人格魅力，又是以身作则的重要准则。

美国作家阿兰·道伊奇曼在其著作《说到做到：如何成为真正的商界领袖》中，揭示了那些真正的领袖的不平凡的品格，他指出："他们都在'行其所言，说到做到'，更难能可贵的是，即使在危急时刻，他们还依然如故地言行一致，这种行为胜于任何的雄辩，为他们获取了不可动摇的声誉。"在创富的过程中，信守承诺、说到做到，这一品德是必备的。

俗话说"一言既出，驷马难追"，**做人必须言必信，行必果**。是否能够做到说到做到，不仅关系到其个人的品质和威望，也关系到企业的形象和兴衰，因此千万不能说到了却做不到，给员工开"空头支票"是非常危险的。

新东方创始人俞敏洪曾说过，不要按照投资人的要求来做公司，创业者都有梦想，要按照梦想去做公司。融资时必须放弃一些权力，这是没有办法的事情，但创业者还是应该尽可能去寻求对公司更大的控制，例如：保持董事会的多数（毕竟一票否决权是核武器，投资人用起来会很慎重），以及注重培养和投资人的感情，建立自己说到做到的信誉，建立起投资人和董事会对你的信任等。

事实上，要说到做到也并非那么难，只要把握好两点就可以了：一是出言要慎，二是努力信守。出言要慎，是承诺时要考虑可靠性，谨慎承诺方可兑现；努力信守，讲的是已经承诺就要不惜代价去维护承诺，如果遇到特殊情况确实无法遵守承诺时，一定要说明你的原因，用你的诚恳，将不良影响降到最低。

◆做人真诚，信守承诺得发展

一个有信用的人，比起一个没有信用、懒散、乱花钱、不求上进的人，会有更多机会。诚信是一笔财富，人与人之间，只有真诚相待，才能够获得朋友，才能够得到别人的支持。这里有一个用真诚赢得爱情的故事：

在美国，有一个男孩爱上了一个漂亮的女孩，但女孩的父亲坚决拒绝了他的求婚，说除非他能用实际行动证明自己的人品。于是，男孩邀请六位社会名流和德高望重的长者为其出具证明材料。

不承想，多数人也反对这门亲事，并在材料中对他进行指责。男孩只好垂头丧气地把证明材料如实地让女孩的父亲看了。不料女孩的父亲看完材料后竟然哈哈大笑，同意把女儿嫁给他，并赞叹说："你是个诚实的人，毫不隐讳别人对你的看法；你也是个勇敢的人，敢于把不利于自己的材料拿出来。"

这个男孩就是美国近代幽默文学泰斗、世界著名短篇小说大师马克·吐温，他最终以自己的真诚征服了女孩的父亲，并赢得了美满的婚姻。

真诚，即"真实诚恳"的意思。古人云："人心一真，便霜可飞、城可陨、金石可镂。"译成现代汉语就是，为人心诚，可使霜露化气、城堡摧毁、金石洞穿。即“精诚所至，金石为开”。

做人要真诚，莫虚伪！真诚地对待本职工作，你就会得到领导的赞赏；真诚地和同事相处，你就会赢得大家的尊重；真诚地对待朋友，你就会有更多的朋友。

美国销售大王弗兰克曾经负责销售一种新式牙刷，他最常用的方法是：把新式牙刷和旧式牙刷都给客户的同时，再给客户一个放大镜。然后他对客户说：“您用放大镜看看，自然会发现两种牙刷的不同。”

有一位羊毛衫批发商学到了这一招，他在销售羊毛衫时，身上总是附带着一个放大镜，每当客户对产品质量或价格产生怀疑，犹豫不决时，他就把放大镜给客户：“在您还没有做出最后决定之前，请您用放大镜看看这羊毛衫的工艺和成分吧！”

这一招非常奏效，没过多久，他就打败了很多靠低档品起家的同行。后来他说：“自从用了‘让客户亲自鉴别’这个方法后，我再也不用费尽口舌向客户解释我的产品为什么价位偏高了，我的销售额也开始直线上升。”

在现实生活中，真诚做人非常重要。为官者，真诚对待下属，才能赢得下属的支持；为长者，真诚对待年轻人，才能得到晚辈的敬重；为夫（妻）者，真诚对待爱情，才能享受到家庭的幸福。

俗话说，“精诚所至，金石为开”，只要抱定真诚的态度，就没有办不成的事情！**不真诚就是虚伪，不真实就要欺骗，不真实就要编造谎言**！为了掩饰虚伪与欺骗的目的，要不断编造谎言，为了圆前面的谎言，又要编造更多的谎言。这样的人缺钱，更缺德，有谁愿意与这样的人打交道？有谁愿意把钱给这样的人？

财富标杆：
李嘉诚——诚信为人，方能纵横商海

1940年，李嘉诚随父母到香港定居。1943年冬其父辞世，自此少年李嘉诚开始了学徒、工人、塑胶厂推销员的生活。1948年，20岁的李嘉诚在新蒲岗担任了一家塑胶厂的业务经理、总经理。1950年，他在筲箕湾创立了长江塑胶厂；1957年，在北角创立了长江工业有限公司，发展塑胶及玩具生产等。

一天，李嘉诚阅读新一期的英文版《塑胶》杂志，无意看到一则消息：意大利一家公司利用塑胶原料制造塑胶花，正全面倾销欧美市场。这则消息使李嘉诚欣喜起来。他敏锐地意识到：塑胶花也会在香港流行。

李嘉诚抓紧时机，亲自带人赴意大利塑胶厂去"学习"，在引入塑胶花生产技术的同时，还专门引入外国的管理方法。从意大利回来后，他把长江塑胶厂改名为长江工业有限公司，积极扩充厂房，争取海外买家的合约。

这时的李嘉诚虽然率领企业走出了深渊，但资金仍然十分不足，生产设备仍旧很简陋。他仍然无法更新设备，增加厂房，招聘技工，生产规模也不能够按照计划那样扩大。正当李嘉诚无计可施之时，一个意想不到的机遇来了。

有位欧洲的批发商，来北角的长江公司看样品，他对长江公司的塑胶花赞不绝口。参观完长江公司的工厂后，他对能在这样简陋的工厂生产出这么漂亮的塑胶花，甚感惊奇。

这位批发商快人快语：“我们早就看好香港的塑胶花，打定主意订购香港的塑胶花，并且还会大量订购。然而你们现在的规模，满足不了我的数量。李先生，我知道你的资金出现了问题，我可以先行和你做生意，条件是你必须有实力雄厚的公司或个人担保。”

找谁担保呢？李嘉诚找遍了所有的亲戚、朋友和银行，没有人愿意为他担保。但是李嘉诚的内心，太想做成这笔交易了。第二天，在香港一家酒店的静谧而优雅的咖啡厅里，李嘉诚和订货商对坐着。李嘉诚说：“很遗憾，我找不到担保人。”订货商说：“你很坦诚，你的真诚和信用，就是最好的担保。”两人都为这则幽默笑出声来。

谈判在轻松的气氛中进行，很快签了第一份购销合同。按协议，批发商提前交付货款，基本解决了李嘉诚扩大再生产的资金问题。而且是这位批发商主动提出一次付清，可见他对李嘉诚信誉及产品质量的充分信任。

这次的合作使李嘉诚站稳了脚跟，并在香港塑胶企业内有了相当的竞争市场，在接下来的日子里，李嘉诚领导长江工业公司迎来了香港塑胶花制造业最辉煌的时期。欧美各国对塑胶花的需求量更大了，从此李嘉诚的产品市场也逐渐扩张到欧洲等海外，在海外市场拥有一席之地。

第六章

机遇导图：危机机遇皆在一线之间

◆抓住机遇等于抓住财富

人的一生是否精彩，关键在于能否抓住那些最有决定意义的转机。成功的人，并不是才干最出众的人，而是那些最善于发掘和利用每一个机遇的人。

我们都知道美国人爱迪生是一位空前绝后的发明大王，但我们也许不知道，这位对全世界科学与民主有过重大贡献的伟人，一生只受过三个月的所谓“正规”的学校教育！

其实，爱迪生绝不是一个只知道躲在实验室内，与世隔绝，不知金钱、财富为何物的空想家，他也明白财富的重要性。他追求理想，也寻找财富，因为他比谁都更明白，没有财富的支撑，他就无法做他喜欢的科学实验，就无法实现他的远大抱负。

15岁那年，爱迪生在纽约的一家通信所里做职员。一天，通信所内的电报机突然坏了，各地的通信消息全部中断。一时间，通信所内秩序大乱，众声喧哗。通信所前后请来了六位技师，都没能将机器修好。

爱迪生看到这种情景，自告奋勇，要求一试身手。所内的人本来不愿意信任这个毛头小子，但迫于形势危急，只好破例允许他试一试。于是，爱迪生用熟练的技术，就像变魔术一般，三两下子便把电报机修好了，使通信所的日常工作立即恢复正常。之后，所长罗斯博士立刻任命爱迪生管理通信所全部的电报机运转工作，月薪 600 美元。

爱迪生在通信所服务不久，就利用这里的有利条件发明了一种新式电报机，比当时通行的更为精巧实用。所长罗斯博士看到这个机器，很是喜欢，以 4000 美元的高价买下了这台电报机。

爱迪生得到这笔钱之后，便立即辞去职务，创办了一个自己的实验室，把全部的精力与财力，都投入到发现大自然的奥秘上。从这时开始，“青年发明家爱迪生”的名字，便慢慢开始家喻户晓了。

在以后的几十年中，爱迪生逐渐发明了留声机、电灯、蓄电池和活动电影等。从 1869 年至 1910 年，他一共拥有了 1328 种专利，平均每 11 天便有一种发明问世。至此，“发明大王”爱迪生已蜚声世界，而他的财富，也随着他那“11 天 1 个专利”的效率，呈几何级数递增，他也获得了辉煌的事业。

爱迪生的经历告诉我们，无论你有多么好的天赋，多么惊人的才华，你都必须抓住机遇，不懈地努力，如此才有可能不断地获得通过自己的努力所创造出的一个个机会，并最终成就你的事业。

卡内基说：“在某种意义上，机遇就是一种巨大的财富。”英国人托富勒也说：“抓住机遇，就能成功。”世界石油大王洛克菲勒在谈到他的创业史时，也只说了一句话：“压倒一切的是时机。”抓住时机，财富就离你不远了！

坚持从基础做起，在认定的方向下，不断努力，这样，你就会把握住你的每一次机会，从而改变你的整个人生！

◆当机立断，看准时机果断出手

现代生活已经养成我们凡事讲求效率的习惯，而效率又和“速度”画上等号。**快，可以让人在心态上更为积极，也可以让期待你的人欣赏你。**

给自己多一点时间去思索，不见得做出来的决定一定能表现出你的睿智。“当机立断”可以让你省掉许多时间和金钱。

享誉世界的经营奇才奥利莱以善于经营而闻名。他是一个无所不能的商人，尤其是他于1921年的波兰之行使他的经商才能得到淋漓尽致的展现。

在波兰，奥利莱做得十分成功的生意无疑是钢笔生意。其实，他果断做出在波兰投资办钢笔厂的决定是出于一次偶然的机会。

有一次，奥利莱在波兰街头闲逛，忽然想要写点东西，于是信步走进一家文具商店准备买一支钢笔，但是一问价格，却令他大吃一惊，在英国只要3美分一支的钢笔在这里却被卖到了26美分，之所以这么昂贵，是因为这些钢笔都是从德国进口的，而且数量有限。

奥利莱为自己的意外发现而惊喜，很快他就对波兰的市场进行了一番详细周密的调查，结果更令他兴奋不已。导致钢笔价格昂贵的主要原因是数量少，在当时，全波兰只有一家钢笔生产厂，而且由于战争的影响，钢笔厂的生产能力也很有限。

奥利莱当即决定，在波兰投资办钢笔厂。奥利莱的要求很快得到批复，奥利莱立即开始筹划，很快工厂就投入了运营。到了1926年，这个工厂生产的钢笔不仅满足了波兰的市场，而且先后出口到英国、中国、土耳其等十余个国家。

正是依靠小小的钢笔，依靠他敏锐的思维和高效率的行动，在波兰的土地上，奥利莱赚取了上百万美元，又一次在他享誉世界的经商奇迹史上添了浓墨重彩的一笔。

奥利莱明白，抓住机遇就意味着成功的起航、奇迹的开始。他正是凭借敏锐的判断力和创新精神抓住了一个个稍纵即逝的机会，在世界商业的舞台上上演了一幕接一幕的奇迹。

俗语说得好，机不可失，时不再来！在许多情况下，机遇是不允许有更多的时间让你来左顾右盼的，而且必须由你自己来拿定主意。你如果养成要别人替你拿主意的坏习惯，在关键时刻，特别是处在“时不再来”的时候，你往往就不会有自己的决断。因此，**平时不要受别人的影响，应坚持自己的看法，用自己的头脑做决定。**

如果你有犹豫不决的坏习惯，那么请你振作起精神来，抢在这个正在偷偷耗损你的精力、毁掉你的机会的对手之前，毫不客气地将它击败。不要把这件事情放到明天，从现在就积极地行动起来，努力地尝试做出果断的决定，强迫自己来实行。

不管你面对的事情多么复杂，都不要有任何犹豫。根据你手中的条件，列出各种可能的选择，同时调动你的常识和最敏锐的判断力，迅速做出决定。一旦做出了决定，就不要再后悔，不要再随意改变。

◆慧眼识财，废铁也能变真金

据2004年《福布斯》杂志全球富豪排行榜显示，拉克希米·米塔尔排在第62位，净资产为62亿美元。在2011年《福布斯》全球亿万富豪排行榜上，拉克希米·米塔尔以311亿美元跃居第6位，个人资产仅次于卡洛斯·斯利姆·埃卢、比尔·盖茨、沃伦·巴菲特、伯纳德·阿诺特、拉里·埃里森。

1950年6月15日，米塔尔出生在印度的拉贾斯特邦，他父亲在20世纪初就在加尔各答开始钢铁制造生意。米塔尔在1971年就建造了自己的钢铁小作坊，作为家中长子，他在1975年脱离了家族企业，在印度尼西亚成立了小工厂。从这个小工厂发端，米塔尔逐渐建造了一个跨越14个国家的钢铁帝国。

在过去的17年时间里，当竞争对手对那些旧钢铁工厂嗤之以鼻时，拉克希米·米塔尔却一步一步地在这些工厂废墟上，建立了强大的世界钢铁王国。

体积庞大的达布罗瓦－古尔尼恰钢铁厂冷冷清清地坐落在波兰卡托维兹市，里边将近一公里长的热轧钢厂热火朝天地运作，一条巨大无比的传送带，推动着棒材和热量的熔合，闪耀着炽热的鲜橙色。当棒材接触到轧辊机时，火花四溅，蒸气急冒。空气中，混合着各种机器的咆哮声。

在东欧的不少地方，散布着这种规模达到恐龙级的钢铁厂。可是，随着苏联的一去不复返，这些大型钢铁厂已经风光不再。但是，当别人只看到被腐蚀的金属时，拉克希米·米塔尔却窥到了发光的金元宝。仅仅在过去两年里，他就从波兰人和捷克人手里，捡来了五家将被遗弃的钢铁厂，用其搭起了东欧的“侏罗纪公园”。

可是，米塔尔这些“不中用的”资产，一直没有引起行外人士的关注。直到米塔尔宣布以45亿美元收购美国国际钢铁集团 (简称 ISG) 时，人们方才如梦初醒。在收购方案宣布当日，米塔尔旗下的上市公司伊斯帕特国际，股价上涨了27%。

知道米塔尔收购ISG后，阿塞罗CEO盖伊·多勒马上发来了祝贺邮件。他极有雅量地称，米塔尔已经取代了他，成为全球钢铁大王。

每个人都梦想成功，而财富就在我们身边。有的人抱怨财运不佳，有的人埋怨社会不公，有的人感慨父母无能……其实我们真正缺乏的正是勤奋和发现财富的慧眼。

有这样一个故事:

有个年轻人，抓了一只老鼠，卖给药铺，他得到了1枚铜币。他走过花园，听花匠们说口渴，他又有了想法。他用这枚铜币买了一点糖浆，和着水送给花匠们喝。花匠们喝了水，便一人送他一束花。他到集市卖掉这些花，得到了8个铜币。

一天，风雨交加，果园里到处都是被狂风吹落的枯枝败叶。年轻人对园丁说:“如果这些断枝落叶送给我，我愿意把果园打扫干净。”园丁很高兴:“可以，你都拿去吧！”年轻人用8个铜币买了一些糖果，分给一群玩耍的小孩，小孩们帮他把所有的残枝败叶捡拾一空。年轻人又去找皇家厨工说有一堆柴火想卖给他们，厨工付了 16 个铜币买走了这堆柴火。

年轻人用 16 个铜币谋起了生计，他在离城不远的地方摆了个茶水摊，因为附近有 500 个割草工人要喝水。不久，他认识了一个路过喝水的商人，商人告诉他："明天有个马贩子带 400 匹马进城。"

听了商人的话，年轻人想了一会儿，对割草工人说："今天我不收钱了，请你们每人给我一捆草，行吗？"工人们很慷慨地说："行啊！"这样，年轻人有了 500 捆草。第二天，马贩子来了要买饲料，便出了 1000 个铜币买下了年轻人的 500 捆草。

几年后，年轻人成了远近闻名的大财主。

故事很简单，也很有意思。年轻人的成功不是偶然的，因为他具备了现代人的管理素质。

1. 他很有思想：他明白要想得到就一定要付出。他先送水给花匠喝，花匠得到了好处，便给了他回报。这是双赢的智慧。

2. 他很有眼光：他知道那些断枝落叶可以卖个好价钱，但如何得到大有学问。所以，他提出以劳动换取。这符合勤劳致富的社会准则。

3. 他很有组织能力：他知道，单靠他一个人难以完成这项工作。他组织了一帮小孩为他工作，并用糖果来支付报酬。从这一点看，他具备领导艺术和管理才能，他用较低的成本赢得了较大的投资收益。

◆看准时机，小钱也能做成大生意

一天，美国学者阿瑟·戈森问著名演员查尔斯·科伯恩："一个人如果想要在生活中获得成功，需要的是什么？大脑？精力？还是教育？"

查尔斯摇摇头："这些东西都可以帮助你成功，但是我觉得有一件事更为重要，那就是'看准时机'。"他解释说，"在舞台上，每个演员都知道，把握时机是最重要的因素。我相信在生活中它也是个关键。如果你掌握了审时度势的艺术，在你的婚姻、你的工作以及你与他人的关系上，就不必刻意去追求幸福和成功，它们会自动找上门来的！"

阿瑟·戈森曾一针见血地指出："有很多生活中的不幸不是因为环境和运气，而是因为没有看准时机！"

哲学家培根说过："造成一个人幸运的，恰是他自己。"人的一生，总是有几个大的转机。大的转机，必有大的变化；没有大的变化，也就没有大的发展；**而要有大的发展，就要善于抓住时机。**

老王出差有逛街的"嗜好"，但买得少，问得多，碰到合适的服装总是用数码相机拍下来。同事问他做何用，老王说，商机要靠逛，没准能捡个"金娃娃”回来。

元月中旬，老王和同事到宁波出差，便拉上同事：“走，到街上去逛逛。”在街上，老王专门盯着服装的折扣货看，见火车站一家商店正在降价卖冬装，老王满眼放光，拉同事上前，比款式，摸面料，问价格，用数码相机拍照，接着在网吧把照片连同价格传回给了在武汉的妻子。

他妻子看后，马上下指示，叫他用特快专递寄5件试销。老王很快选好了折扣价为150元的仿羊绒男女短大衣等样衣，掏出手机，打了快递公司的电话，马上有人来取件，承诺次日可送达武汉。

第二天，妻子传来了好消息：样装一上柜，已按每件200元售出了，还告诉他，根据气象预报，这几天武汉气温骤降，可能会下雪，要他批发500件风衣、羽绒服等衣物。

由于购买量较大，该店也急于“吐货”，老王最后以每件120元购进。他付完货款，又打了一家发零担货物运输公司的电话。零担货物运输每件运费只须花5元。

第三天，武汉果然下了中雪。衣物被摆在店外显眼的位置，赶上了时令，正在热销中。这次出差，老王利用工作空隙，“顺手牵羊”替妻子进货收获颇丰，预计能纯赚3000元。

事后，同事对老王羡慕不已。他说，机会总是垂青有准备的人。这批品牌衣物在圣诞节后打折贱卖，极有可能是外贸出口的尾货，用料真，材质好，有款有型，很小的瑕疵不是内行根本看不出来；商家以门面拆迁之由降价，周围确在大兴木土；该店的位置不佳，好货难卖好价，当然，还有可能是厂家在年底按成本抛售回笼资金；这批冬衣抢回正好赶上了武汉罕见的雪季；另外，

看准了，下手时要善用现代物流发运和快捷的通信方式传递信息。同事恍然大悟：原来老王爱逛街，是在逛街中不停地寻找商机。

培根曾说：“幸运的机会好像银河，它们作为个体是不显眼的，但作为整体却光辉灿烂。”只有抓住一个一个“不显眼”的时机才能获得光辉灿烂的成功。

“没有机会”永远是那些失败者的遁词，“弱者等候机会，而强者创造它们”。时机虽受各种因素的综合影响，但不管如何，有一点是可以肯定的：经过个人的努力，时机是可以把握的。

美国有位学者曾通过对奥林匹克运动员、总经理、宇航员、政府首脑以及其他成功者的多年探访，逐渐认识到成功者绝非因为特权环境、高智商、良好教育或异常天赋的结果，同样也不是一时走运，而是由于他们对自己的作为负责：认识自己的才能，追求自己的目标；迎接挑战，适应生活。

善抓时机是非常重要的，这是取得事业成功必不可少的因素。**能否抓住这样的时机，是一个人一生事业成败的关键。**没有机会，纵然才华横溢，也未必能够登上成功之巅；因失掉千载难逢的好时机而遗憾终生的也大有人在。

◆抓住转机，才能绝处逢生

善于抓住时机，是伟大人物成功的奥秘。这是发生在20世纪60年代初期藏北开发时，某工程部队里的一个真实故事：

有一次，部队的运输连临时接到一项任务，安排一位驾车技术精湛的小战士去接送货物。为了防止意外，连长配发给他一支手枪，还有20余发子弹。

在返回途中，小战士驾驶的汽车意外地出了故障，等他将故障排除之后，天色已经暗了下来。小战士凭借经验驾驶汽车继续前行。然而，在不知不觉中，竟驶进一片开阔的荒原地，迷失了方向。

小战士在那片荒原地上辗转了数小时，也没有找到公路。汽车被迫停了下来，因为油箱里的油用光了，需要下车从备用油桶里抽取。小战士决定暂时在驾驶室里“猫”上一夜，待天亮后再加油。

青藏高原的冬夜，寒风刺骨。突然，他发现远处有几十个像鬼火一样绿盈盈的“小灯笼”朝这里飘过来。那是一群野狼，少说也有20只。遇上了狼群！他立即掏出手枪，装上子弹。

狼群很快就将汽车包围了，小战士压抑着内心的恐惧，与狼群对峙着。

饥饿的狼群首先朝驾驶室扑过来。小战士麻利地摇下车窗，瞄准狼群射了两枪。只听一声惨嚎，一只狼倒在地上。枪声将狼群震慑住了，便慌乱地散去。

小战士长吁了一口气，他估计受惊的狼群不会再来袭击了。他又惊又乏，依靠在座椅上稍稍喘息了一会儿。但为了保险，他还是决定摸黑下车加油。10分钟后，小战士正准备下车加油，突然发现那些恐怖的“小灯笼”又飘了过来，而且数量比刚才增加了一倍多。

它们径直扑了过来。小战士又摇下车窗，朝着狼群连射两枪，又有一只狼中弹了，可是整个狼群只退后了很小一段距离。小战士与狼群进行了一次又一次近距离的拉锯战，直到射完最后一发子弹。

第二天傍晚，运输连的战士在当地牧民的帮助下，找到了这辆失踪的运输车。被困在车厢里的小战士，因为寒冷和饥饿，已经奄奄一息。狼群早已离开了，只有那被狼爪划得面目全非的车厢，在向人们默默讲述着昨夜发生过的惊险一幕。

经过紧急抢救，小战士的生命保住了，但是他全身冻伤十分严重。每当回忆起那惊心动魄的一幕，小战士就会懊悔不已地说：“如果开始我能够把握住那10分钟，足可以给车子加上油……”

只是10分钟的放松，差一点失去生命。小战士遭遇狼群的经历，是否会带给我们一个深刻的教训呢？**人生有许多转机，稍纵即逝**。如果你把握住了，就会迎来一片全新的天空。还有一个故事：

1942年初，德国法西斯大举进攻苏联。5个月前还是芭蕾舞演员的普兹涅佐夫，如今已是苏联航空部队某大队一名飞行员。这天，他驾驶着伊尔－2攻击机，第一次单独执行飞行侦察任务，不料在德国占领区上空，遭遇了德军大队机群，处境异常危险。

普兹涅佐夫很紧张，神经都快绷断了，面对已成围歼之势的敌机，他一筹莫展。最后，他见别无退路，只得咬着牙，瞄准对方左边的僚机，迅猛直冲过去，同时按住炮钮，连射3发火箭弹，居然将还没缓过神来的德机摧毁了。然后，普兹涅佐夫迅速右转弯，准备升高撤离，不料左上方又来了一队德军机群，把他的退路完全封死。

普兹涅佐夫左转拉杆，准备拿出他的怪招——“鬼怪腾挪法”，巧妙脱离险境，谁知在躲过两发炮弹后还是被密集的炮火击中，战机连翻两个跟斗，直往地面坠落……“我被击中！飞机正在坠落！正在坠落……”普兹涅佐夫一边惊慌地向地面指挥员报告，一边极力控制着飞机。

摇摇摆摆的伊尔－2攻击机，借着一阵北风，幸运地降落在一处丛林的边缘。普兹涅佐夫艰难地爬出驾驶舱，抬头仰视，发现德国大队机群已经离去，但仍有一架飞机在空中盘旋。他知道，这里驻有大量德军步兵，敌人很快会过来搜寻，如果不设法逃走，肯定要成为德军的俘虏。普兹涅佐夫拔出手枪，准备做最后的拼杀。

就在这时，意想不到的事情发生了：那架德机放下起落架，在距离伊尔－2攻击机30米左右的地方着陆了。德军飞行员右手握着手枪，径直来到伊尔－2攻击机前，探头探脑地搜寻着，显然他是想抓这个俘虏。

普兹涅佐夫屏声静气，利用弹孔累累的战机当掩护，与敌人兜圈圈，捉迷藏。他看到了对方，对方却看不到他。普兹涅佐夫曾想开枪击毙敌人，但德国步兵已经包抄过来，脚步声、说话声都听得清楚，如果枪声一响，就会将大批敌人吸引过来，自己也就插翅难飞了。

德国飞行员看到千疮百孔的飞机，以为苏军飞行员已经被击毙或摔死了，便将手枪收起来，从身后拿出一把军刀，开始挖伊尔－2攻击机的机徽，准备留作纪念。敌人越来越近，普兹涅佐夫突然迈开芭蕾舞演员的长腿，以百米冲刺的速度，奔向那架还没有熄火的德国飞机。

德国飞行员发现情况后，慌忙拔枪射击，可普兹涅佐夫早已像猴子一样敏捷地跳进了机舱，从容不迫地关上舱盖，驾驶着那架德国飞机起飞了。

普兹涅佐夫准确地抓住了时机，不断地从绝望中寻求希望，不断地从失败中寻求转机。每个人都是一座宝藏，只要用心地去发掘与经营，都能获得一份属于自己的人生财富。

◆做个敢斗虎的初生牛犊

刚生下来的小牛不怕老虎，所以用“初生牛犊”来比喻勇敢大胆、敢作敢为的人。其实，关于这个成语还有一个故事呢。

东汉末年，刘备从曹操手中夺取了汉中，并在此称王，并下令关羽北取襄阳，进兵樊城。关羽的部将廖化、关平率军攻打襄阳，曹操的部将曹仁领兵抵抗，结果大败，退守樊城。曹操派大将于禁为征南将军，以勇将庞德为先锋，领兵前往樊城救援。

庞德率领先锋部队来到樊城，让兵士们抬着一口棺材，走在队伍的前面，表示誓与关羽决一死战。庞德耀武扬威，指名要关羽与他决战。关羽出战，两人大战百余回合，不分胜负，两军各自鸣金收兵。

关羽回到营寨，对关平说：“庞德的刀法非常娴熟，真不愧为曹营勇将啊。”关平说：“俗话说，‘刚生下来的小牛犊连老虎都不害怕’。对他不能轻视啊！”

关羽觉得靠武力一时难以战胜庞德，于是想出一条计谋。当时正值秋雨连绵，汉水猛涨，魏军营寨却扎在低洼之处，关羽掘开汉水大堤，水淹于禁七

军，俘虏了于禁、庞德。于禁投降，而庞德却立而不跪，不肯屈服。关羽劝他投降，庞德反而出口大骂。于是，关羽下令杀了庞德。

这就是初生牛犊不怕虎的由来。“初生牛犊不怕虎”意思是说勇将庞德刚在曹营崭露头角，锐不可当，千万不能轻敌。

对于一件事情，时机有成熟不成熟之分。所谓成熟的时机，就是完成一件事情所需的天时、地利、人和的条件均已具备，是成功完成这一件事的充要条件已经具备的状态；不成熟的时机，是为完成一件事情的天时、地利、人和三者尚未完全具备，也就是成功完成这一事情的充要条件尚处在不完全具备的状态。

做一件事情，如果时机成熟，那不只是一个人两个人能看到的，而是许多人都能看到的，大家一拥而上，就会出现僧多粥少的局面。

敢做敢为的人，总是善于抓住不成熟的时机。在机会不成熟的时候，他会先行一步，赢得主动，占据有利位置。只要时机成熟，就会先发制人，赢得全局。

敢做敢为的人，总是做“人无我有、人有我精”的事情。这样会减少竞争，不会那么被动，减少不必要的损失。

有这样两个人，就称其为甲乙吧。甲乙二人大学毕业来京找工作，到一家文化教育公司做编辑。甲的文字功底好，头脑灵活，深受老板的赏识；乙工作也很努力，和老板的关系也不错。两人都很能干，老板把他们当作左右手，许以高薪。

两年之间他们都挣了 5 万元。甲乙二人都想在北京拥有自己的房子，可是北京的房子贵，谁也买不起。乙就劝甲，把两个人的钱集中起来，搞图书发行，说不定一年之间就能赚回两套房子。搞图书发行是有很高的利润，可是，高利润必然伴随高风险。有可能把10万元投进去，只会换来一大堆8角钱一公斤的废纸。

甲犹豫再三，不愿意干，因为他手中的5万元，是他来北京以后，没黑没白加班加点用血汗换来的。他不想做别的，因为他满意于现在月薪两千在两年内存不了五万的月薪。在众多的打工仔中，他也算得上比上不足比下有余了。

最后，乙决定自己干，便回家又向亲戚朋友借了5万元，把10万元全部投了进去。图书发出去以后，乙已经身无分文了，只靠吃方便面度日。甲看到乙这样，暗自庆幸自己没有和乙一起做，否则自己也会由5万元的持有者一下子变成一个负债者。可是，3个月以后，乙的图书发行到10万册，净利润达50万元。仅仅4个月，乙就把他的5万元变成了50万元。而甲的账户上，仅仅为5.5万元。

乙有了50万元的原始资金，办起了自己的文化公司。3年之后，不仅有了别墅、汽车，还有几百万元的存款。而甲却一直为别人打工，朝九晚五地挤公共汽车，几年以后才凑够买房的首付款。

甲乙二人同水平起步，同样拥有5万元，3年后却有不同的命运。若论聪明才智，甲甚至比乙强，就是因为甲不敢做不敢为的性格和乙敢做敢为的性格，使他们的第一桶金发生了变化。乙的资金积累迅速，促使他以后还有大的作为，很快就实现了自己的目标。而甲由于性格上的缺陷，恐怕就是忙一辈子也不会有什么大作为。

我们身处一个竞争激烈的时代，时代给予了我们机遇，但同时也让我们不得不面对风险。时代呼唤敢做敢为型性格的人，**也只有敢做敢为型性格的**

人，才能与时俱进，与时共谋，成为时代的主宰者。

敢做敢为型性格的人不甘寂寞，不愿受条条框框制约，好奇心强，争强好胜，不甘落人之后，敢于冒险敢于接受挑战。他们想象力非常丰富，洞察力敏锐，善于创造机会，更善于捕捉机会。正因为他们敢想别人所不敢想，做别人所不敢做，所以他们开风气之先，走行业之首，往往成为人中之龙凤，行业之龙头。

这就是这个时代的特点，我们无法改变，这就是敢做敢为型性格的人的优势。我们无力改变时代特征，那么就让我们改变自己，争取做一个具有敢为型性格的人！

财富标杆：
卡洛斯·斯利姆·埃卢——把握机遇成就电信王国

2008年8月6日，美国《财富》(*Fortune*)杂志证实，墨西哥电信巨子卡洛斯·斯利姆·埃卢以590亿美元资产，取代微软创始人比尔·盖茨成为新的世界首富，比比尔·盖茨的个人财富多10亿美元。

在全球富豪中，埃卢创造了一个神话，在过去14个月中疯狂入账230亿美元，创下最近10年全球个人资产增值速度最快的纪录。一个月进账35亿美元——没错！这就是墨西哥电信大亨埃卢2007年以来财富增长的数字。由此推算，平均每小时，就有近500万美元流入埃卢的腰包。

人生在世，需要机遇，但机遇出现时，对很多人来说毫无用处，因为只有具备信心、勇气和能力的人才能把握住机遇。埃卢能够有今天的财富和地位要得益于两次历史机遇：1982年墨西哥遭遇经济危机，货币贬值，政府为了应对经济危机，将一些银行进行国有化，导致外资撤离墨西哥。这对于埃卢来说则是个大好机会，他趁机以比较低的价格接管了许多濒临破产的烟草企业和餐饮连锁公司，并逐步使其扭亏为盈。

由于管理有方，企业在数年之后资产大增。在不到10年内，被他收购的企业的市值已经平均翻了300倍。因为信心和勇气，埃卢抓住了这次机遇，在这次经济危机中，国内许多投资者都望而却步，但埃卢却知难而进。埃卢从父亲身上学到了做生意的诀窍。“父亲告诉我，不管陷入多么严重的危机，墨西哥都不会玩完。如果我对这个国家有信心，任何恰当的投资最终都会得到回报。”

然而，真正把埃卢推上墨西哥甚至拉美首富地位的是20世纪90年代墨西哥国有企业私有化浪潮。埃卢组织一个财团用1760万美元从墨西哥政府手中买下墨西哥电话公司，而他本人则拥有了这家电话公司的控股权。他用5年时间投资100亿美元更新设备，成功地将它改造成了一个现代化、专业化的大企业，如今这家公司已经戏剧性地增值到200亿美元，占据墨西哥证券交易所总资本的40%。

如今，墨西哥90%的电话线路都由埃卢掌控。在很多人看来，购买墨西哥电话公司是埃卢真正能够成为世界级富豪的决定性因素。之后，埃卢越做越大，所涉足的领域也越来越多，从以前的制造业到房地产业以及金融业。到了2002年，埃卢的财富已经达到110亿美元，成为墨西哥甚至是拉美的第一富豪。

第七章

借力导图：顺风扬帆才能畅游商海

◆贵人让财富快速增长

一个人力量有多大，不在于他能举起多重的石头，而在于他能获得多少人的帮助。任何人一跨入社会都应该学会待人接物、结交朋友的方法，以便互相提携、互相促进、互相尊重，单枪匹马绝对难以获得成功。

寒冷的冬天，一个卖包子的和一个卖被子的同到一座破庙中躲避风雪。天色很晚了，卖包子的很冷，卖被子的很饿，但他们都相信对方会有求于自己，所以谁也不先开口。

就这样，卖包子的一个一个吃着包子，卖被子的一条一条盖上被子，谁也不愿向对方救助。到最后，卖包子的冻死了，卖被子的饿死了。

两个人僵持到死，不是不肯付出包子和被子，而是不肯付出一点求人的尊严，最后，只能是一个冻死，一个饿死。现实生活中要主动寻求他人的支援，善于借助他人的力量。

个人的力量对自然、对社会而言，都是渺小的。因此，要完成一件个人之力所不能及之事，须善于借用外界、他人的力量，才能达到目的。小智者，借物；中智者，借钱；大智者，借人；超智者，借势。

纵观古今中外，凡是能成就一番大事业的人都离不开贵人的扶助。历史上，任何精明能干的将帅、官员，甚至帝王，无不尽力寻觅天下奇才，为他出谋划策，充当“外脑”。试想，如果刘备没有“三顾茅庐”请动诸葛亮，姜子牙没有“钓”到周文王，曾国藩没有碰到穆彰阿，那么，蜀国还会在三国鼎立的局面中存在吗？还会有姜子牙开国封王的传说吗？清朝还会有权倾一时的曾国藩吗？

正所谓“借别人的梯子，登自己的楼”，走直线不行，我们就走曲线，借助贵人来实现自己的目标。这方面王石做得很好：

万科公司的董事长兼总经理王石特别能识才，当然，他更会借用人才。

一天，王石比较看重的一名员工打算离开公司，跳槽到另一家公司做业务经理。王石觉得这样太可惜了，如果能留住这个员工，肯定能继续为公司创造出更多的利润。因为这个员工不仅个人能力很强，在各方面的关系也处理得很融洽，积累了一些优秀的人脉资源。在很多方面，这名员工都可以弥补自己的弱势。王石经过一番思想的挣扎后，花了很大力气，说服这名员工留在万科公司。当年，在该员工的配合下，大家齐心协力，为公司赚了几百万元，在深圳的几家上市公司中名列第二。

即使像王石这么有能力的人，也会意识到自己的能力有限，需要借用贵人的力量才能实现目标。正所谓“巧借人力，顺势而为”，现在已不是单打独斗的时代，借用贵人的能力或优势，去打造有利的形势，化解遇到的种种难题，为自己铺平道路，才能顺势而为取得成功。

聪明的人总是善于从别人身上吸取能量以补充自己，从而达到互惠互利、共同发展的目的。在人类社会中，能够发现和利用别人的智慧，就等于找到了成功的力量。一个人的力量毕竟是有限的，要想在事业上获得成功，除了靠自己的努力奋斗外，还需要借助他人的力量，只有“好风凭借力”，才能“送我上青云”。

在上中学的时候，乔布斯和沃滋就相互认识。那时候，一台“8800”对他们来说，简直就是一件奢侈品。因为没有钱去买，他们就自己动手组装。后来，他们装了100套“苹果-I”计算机板，然后每台售价50美元，没有赔钱也没有赚钱。

乔布斯敏感地发觉到一个最重要的市场信息：人们都希望买整机，而不是买散装件。为了把外壳设计得更美观，乔布斯就想办法设计出了“苹果-II”。等试验成功后，乔布斯和沃滋决定自己开公司。唯一的问题就是缺乏资金。

幸运的乔布斯和沃滋遇到了唐·瓦伦丁，他把乔布斯和沃滋介绍给了另外一位企业家——英特尔公司的前市场部经理马克库拉。这位精明的企业家十分精通微型电脑业务，他察看了乔布斯“苹果”的样机，并做了相关的询问和考察，还问及“苹果”电脑的商业计划。

马克库拉立刻就意识到了乔布斯和沃滋的潜能。于是，他们三个人连续几个日夜，制订出了“苹果”电脑的研制生产计划。马克库拉把自己的91000美元先期投入了进去，接着，又帮乔布斯和沃滋从银行取得了25万美元的贷款。之后，又陆续得到别的资金投入。

最后，他们聘用了迈克尔·斯科特当经理，因为他熟悉集成电路生产技术。马克库拉、乔布斯任正副董事长，沃滋任研究发展部副经理，苹果微电脑公司很快就发展起来了。

可以想一下，如果乔布斯没有遇到沃滋，如果乔布斯和沃滋没有遇到马克库拉，苹果微型电脑公司仅靠他们其中一个人还会不会有今日的辉煌？正是他们的合作才有了今天的苹果公司。但是，人与人的合作不是力气的简单相加，而要微妙和复杂得多。假定每个人的能量都为 1，那么 10 个人的能量可能比 10 大得多，也可能比 1 还小。最重要的是，你要先充实自己，让自己散发出无与伦比的魅力，然后再吸引优秀的合作者向你靠近。

很多事情不是我们的力量可以解决的，只有从别人身上吸取智慧的营养来补充自己，才能各取所需，求得双赢，这就是联合的力量。相反，即使你能力很强，专业技术很精湛，如果一意孤行，离群索居，不善于与他人合作，再没有"贵人"的帮助的话，也很容易陷入孤立之中。即使能坚持下去，累死累活地干一辈子，也有可能还如当初那样两手空空。

◆激之以义，轻松借到100万元

“激之以义”就是用“义”去激励。义是什么？义就是正义，就是应当担当的道义，应该承担的责任，就是以国家民族大义为重。林则徐“苟利国家生死以，岂因祸福避趋之”，李大钊“铁肩担道义”，就是对这种精神的最好诠释。

“激之以义”就是要以国家民族大义为重，人民利益至上的精神去激励部属，让部属感到要他们去做的不再是愿不愿意去干的事，而是应该去、必须去干的，引以为豪的事情。法国著名的将军狄龙在他的回忆录中也讲过这样一件事：

“一战”期间有一次恶战，狄龙带领第80步兵团进攻一个城堡，但遭到了敌人顽强的抵抗，步兵团被对方压制住无法前行。狄龙情急之下大声对他的部下说：“谁设法炸毁城堡，谁就能得到1000法郎。”

按照“重赏之下必有勇夫”的逻辑，狄龙认为士兵们肯定会前仆后继，但是没有一位士兵敢冲向城堡。狄龙恼怒异常，大声责骂部下懦弱，有辱法兰西国家的军威。

一位军士长听罢，大声对狄龙说：“长官，要是你不提悬赏，全体士兵都会发起冲锋。”狄龙听罢，转而发出另外一个命令：“全体士兵，为了法兰西，前进！”

结果，整个步兵团从掩体里冲出去，最后，全团 1194 名士兵只有 90 人生还。

对于一个军人，尊严比生命还重要，如果用金钱驱使他们作战，无异是奇耻大辱；如果让他们为正义事业，为国家和民族而战他们会感到无上光荣。

“激之以大义”的方法应该说是中国传统管理的精华所在，在传统道德文化中有一个最重要的方面就是重视人的品德修养，讲求道义、气节。

对于义，每一个人都有自己的衡量标准，在每一个人的心中都有一面“义”旗竖在道德的领地。“激之以大义”，恰恰都是去触及对方的内心深处，让他认为自己的行为正义凛然。

◆不怕钱少，就怕“手段”少

如何把手中的钱用活，是犹太人经商的一门大学问。

连锁店先驱卢宾是一个善于观察的人，最早他在淘金热中做一些生意，以满足那些淘金者的生活需要，后来他的生意越做越大。但是，经过 8 年的经商，并且深入市场调查研究，卢宾发现：商店不标价，靠买卖双方讨价还价，是非常不利于销售的，也无法消除顾客对店家的不信任；而且，由于价格不一，没有一个参考的标准，很多人就会多逛几家店。

针对这些问题，卢宾绞尽脑汁，终于想出一种全新的经营方式，叫“单一价商店”，也就是对每种商品标出定价，并按此定价销售。这样，顾客在购物之前对价格一目了然，不仅增加了销售额，也赢得了顾客的信任。

随着顾客的增多，卢宾又发现，太多的顾客光顾造成了购物空间的拥挤，使得购物的速度难以提高，而且也浪费了顾客宝贵的时间；另外，一个商店的市场总有一定的范围，太远的顾客显然不太可能跑来这里购物。于是，卢宾又采取了连锁店的策略，也就是许多店同货同价，且店面设计、布局、装潢也相同。这样，就等于将一家店开在了更大的市场，当然营业额就越来越大。

从这个例子我们可以看出，卢宾的创新是对现有的销售方式所产生的问题的一种突破；同时，他也必须深谙消费者的心理知识，也就是说，他必须摸透消费者在想什么。

卢宾为什么能创新？因为，他善于观察、发现问题，进而能针对问题，运用所学的知识和技能，提供解决方案。因此，我们要学会思考。所谓思考不单是指对知识的理解，更是指对环境、对变化的一种反应。

我们每天都在经历各种变量：人的变量、环境的变量、政治和经济的变量，可是，有几人可以洞悉到这些变量背后的规律，事先预知这些变量的未来趋势呢？

华尔街的金融巨子摩根，正是那种懂得掌握趋势，具有远见和预知能力的商场高手。

1871 年，普法战争以法国战败而告终，法国因此陷入一片混乱，既要赔德国 50 亿法郎的巨款，又要尽快恢复经济。这一切都需要钱，而法国政府如果要继续维持下去，就必须发行 2.5 亿法郎的国债，否则就要破产。

面对如此高额的国债，再加上一个变量颇多的法国政治环境，法国的罗斯查尔德男爵和英国的哈利男爵（他们分别是两国的银行巨头）不敢接下这笔巨债的发行任务，而其他小银行就更不敢了。

面对风险，谁也不敢铤而走险。这时，摩根敏锐的直觉告诉自己：当前的环境，政府如不想垮台就必须发行债券来取得资金，而这些债券将成为银行证券交易的强势产品，谁掌握了它，谁就可以在未来称雄。但是，谁又敢来冒这个险呢？

摩根想：为什么不能将华尔街各自为政的各大银行联合起来呢？如果能

把华尔街的所有大银行联合起来，形成一个规模宏大、资财雄厚的国债承购组织——辛迪加，这样就能把原本由一个金融机构承担的风险，分摊到许多金融机构上，无论是金额，还是所承担的风险，都是可以被消化的。

然而，摩根这个想法，严重挑战了华尔街多年的规矩与传统。当时盛行的规矩与传统是：谁有机会，谁独吞；自己吞不下去，也不让别人染指。各金融机构之间，信息不交换，相互猜忌，互相敌视，就算迫于形势联合起来，每个银行也会为了自己最大的利益，彼此钩心斗角，这种同床异梦的合作，势必像 6 月的天气，说变就变。

再者，各大银行都是见钱眼开的，为了一己私利可以不择手段，不顾信誉，尔虞我诈。因此，当时很多银行经常为了一些利益纠纷，闹得整个金融界人人自危，提心吊胆，各国经济乌烟瘴气，当时人们称这种银行叫海盗银行。

摩根就是要针对这一弊端，想趁此对金融界来个大改革，让各个金融机构联合起来，成为一个信息相互分享、彼此业务相互协调的稳定团体。对内，经营利益均沾；对外，以强大的财力为后盾，建立可靠的信誉。

摩根坚信自己的想法是对的，摩根凭借过人的胆略和远见看到：一场金融界的暴风雨是不可避免的。正如摩根所想的那样，他的想法就像一颗超级炸弹，在华尔街乃至世界金融界引起了轩然大波。人们说他“胆大包天”“是金融界的疯子”，但摩根不为所动，他相信自己的判断没有错，他默默等待时机的来临。

后来的情势发展，证明了摩根的洞察力果然是超人一等，华尔街的辛迪加成立了，法国发行的债券也卖光了。摩根改变了以前银行海盗式的经营模式，后来又朝向银行托拉斯集团的方向前进。

摩根的胜利不仅是知识的胜利，更是智能的胜利。

◆用别人的钱创自己的财富

要创业致富，没有资金是最令人头痛的事，正因为没有钱，才想办法去挣钱；但很多人面临的问题是，必须搞到资金，才能赚到自己的金钱。不过，也不要太沮丧，我们没有钱，却可以利用别人的钱。

1995年，对华尔街一无所知的陈峰，还是一个天不怕地不怕的年轻人，只听人说了句“在美国能挖股票，可以开饭庄”，就穿着西装打着领带，带着副董事长王健一起去了华尔街。没有任何人帮他们牵线，他们却从索罗斯那里拿来了2500万美元。

通过购买海南航空25%的股份，索罗斯成了海航的第一大股东。海航继而先后在B股、A股上市，在海外发行债券，同时向国内外银行贷款大量购买飞机。

为什么能够被索罗斯看上？“因为我善良、诚信，又能把故事变为现实啊。”陈峰曾不加考虑地说。陈峰介绍，当时赴华尔街游说时，海航用了三个制胜的条件：第一个是海航一开始就建立了国际会计准则，聘请一流的会计师做审计，美国人看得懂；第二个就是聘请了美国最大的律师事务所

Skad-denArps(世达律师事务所)做海航的法律文件，美国人相信；第三个是在给股票私募的时候，运用了美国华尔街国际航空运输咨询公司——美国华尔街最权威的评估公司做的评估。而这些，显然并不是用“运气，善良”等词语就可以做到的。

回顾海航的发展历程，多少有些传奇色彩。1990年，陈峰受命组建海南航空时，手里只有海南省政府投资的1000万元，连半个飞机翅膀都买不起，但他却几乎抓住了每一次机会。

1993年，陈峰利用私募得来的2.5亿元为信用担保，向银行贷款6亿元，买下了2架波音737；然后又以2架波音737为担保，再向美国方面订购两架飞机。如此循环，巧妙利用财务杠杆，越来越多的飞机飞到了海航。

当时寻找担保银行时，因为银行不懂，陈峰就讲：飞机从海南到北京一张票1000元，可以装150人，来回就是30万元；一天飞一趟北京，再飞一趟广州，去掉成本一天就挣45万元。于是上海一家银行动了心。双方商定使用固定利率结算贷款，仅此一项银行就净赚100多万元。

银行很高兴，问到反担保对象是谁？陈峰表示，如果还不起钱，就以飞机抵债。做产权登记时，银行自动将本属于自己的飞机划在了海航的账上。这相当于“我不仅借给你钱，还首先把飞机交给了你”，如此这般，陈峰轻松地拥有了两架飞机。

就这样，从银行贷款买一架飞机，用飞机做抵押买第二架飞机，再用同这两架飞机做抵押买更多的飞机，最后形成一个倒金字塔结构。只要有飞机在飞就有现金收入，只要有现金收入能够偿还以前的贷款，公司就能够持续经营下去。

银行贷款是海航持续扩张的要素，因而高负债率也就成了海航的一个特点。也正是因为海航的负债率居高不下，必须寻找到新的资金，才促使陈峰带上副董事长王健在1995年去了美国，在华尔街待了三个多月，也最终说服了索罗斯，让量子基金控股的美国航空有限公司花2500万美元购买了海南航空25%的股份，成为海航的第一大股东。海航也由此成为首家中外合资的航空公司。

由此可见，陈峰的高明之处就在于总是在拿别人的钱来创造自己的财富。

用别人的钱为自己赚钱，是许多成功人士致富的方法。富兰克林、尼克松、希尔顿等人都运用过此方法。

威廉·尼克松总结了许多百万富翁的经验说："百万富翁几乎都是负债累累。"富兰克林在给年轻企业家的忠告中说："钱是多产的，自然生生不息。钱生钱，利滚利。"

当然，"用别人的钱"的方式应该是正当的、诚实的，绝不能违背道德良知。同时，要给别人优厚的回馈。

诚信是无可替代的，缺乏诚信的人，即使花言巧语，也会被人识破。使用别人的钱，首重诚信。银行是诚信的人的朋友。银行的主要业务是借贷，把钱借给诚信的人，赚取利息；借出越多，获利越大。

现代社会有一种说法是，**你能调动资金，你就是有钱的人**。这种说法似乎有点不合逻辑，但只要搞过经营的人就会明白其中的道理。

实际上，调动资金的方法有千种万种，是一门最艰深的学问。哪一个优秀的经营者不是调动资金的高手呢？那真比看最刺激的美国好莱坞大片还要过瘾。哪一个富翁是仅靠自己的本钱挣钱的？哪一位成功的大亨不和银行打交道？所以，现代社会的特点是：他的钱就是你的钱，只要社会上有钱，你就不可能没有钱，关键是如何调动。但你没有这方面的关系，又不懂其中的“门道”，就只能干着急了。

钱就是资本，一切做生意赚钱的前提，都要落到这个“钱”字上。没有资本，谁也赚不回属于自己的钱。而在这一方面，一个乡下老汉卖鸡蛋赚来的1元钱，与富翁的1亿美元，并没有本质的区别，而自己的10万元和从银行贷来的10万元，也没什么本质的区别。所以，你首先得从观念上改变一下对自己的看法：

我尽管钱少，但我并不是没有金钱资本，哪怕我只有1元钱！

我想只有这样，才能树立追求财富的自信。

主动出击，积极寻求，这正是大多数人缺乏的素质，所以，不要奇怪为什么好运总在别人那里。机遇绝不是随机事件，它只眷顾有准备的人！

◆借他人之智，生自己之财

俗话说：一个篱笆三个桩，一个好汉三个帮。善于发现自己和别人的长处，并能够利用；不嫉妒别人的长处，不护自己的短处，能够协调别人为自己做事，建立良好的信誉，是成功者的法则，也是人与人之间共同发展的主旋律。

能够发现自己和别人的才能，并能为我所用，就等于找到了成功的力量。聪明的人善于从别人的身上汲取智慧的营养来补充自己，从别人那里借用智慧，比从别人那里获得金钱更为划算。读过《圣经》的人都知道，摩西算是世界上最早的教导者之一了，他懂得一个道理：一个人只要得到其他人的帮助，就可以做成更多的事情。

当摩西带领以色列子孙们前往上帝许诺给他们的领地时，岳父杰塞罗发现摩西的工作实在繁多，如果他一直这样下去的话，人们很快就会吃苦头了。于是，杰塞罗想方设法帮助摩西解决问题。

杰塞罗让摩西将这群人分成几组，每组1000人，然后再将每组分成10个小组，每组100人，再将每小组分成两队，每队各50人。最后，再将每队分成

5小队，每小队各10人。然后，杰塞罗又教导摩西，他让每一组选出一位首领，而且这位首领必须负责解决本组成员所遇到的任何问题。摩西接受了建议，并吩咐那些负责1000人的首领，只有他们才能将那些无法解决的问题报告给他。

自从摩西听从了杰塞罗的建议后，他就有足够的时间来处理那些真正重要的问题，而这些问题大多只有他才能解决。简单地说，杰塞罗教导摩西领导和支配他人的艺术，运用这个艺术调动集体的智慧。

作为一个努力想要成功的人，当你有了切实可行的行动计划之后，不妨把你的梦想蓝图、未来展望，与你的家人、亲友、同事、同行等共享。律师、银行家、会计师也不失为帮你出主意的好对象，多向他们请教，听听不同的声音。

不管你的能耐有多大，一生中偶尔遇上无法解决的难题是在所难免的事。**遇到难题，与其独自一人抱头冥思苦想，不如虚怀若谷向他人请教。**也许你的难题别人早就知道答案。所谓“山外有山，人外有人，天外有天”，这是亘古不变的定律。

一个人的智慧虽然是无限的，但能够开发利用的部分还是有限的。“借用”他人的智慧，弥补自己的不足，未尝不是个好办法。如果你觉得有必要培养某种你欠缺的才能，不如主动去找具备这种特长的人，请他参与你的团体。

刘备与曹操及孙权相比，无论是个人能力还是谋略及学识都远在曹孙之下，但在知人善任、尊重人才方面则远超曹孙。因其精通用人之道，终成一方霸主。

选人

刘备在选人上不重多，而在精，要求所用之人在某些方面能独当一面，横扫千军。孔明及“五虎上将”都是当时不可多得的人才。在选人才时，他能礼贤下士，“三顾茅庐”礼请诸葛孔明出山，已成为尊重人才之美谈。

用人

疑人不用，用人不疑，是刘备用人的策略。他对一群文武众臣充满信任，而不像曹操那样生性多疑。桃园三结义后，刘备设丞相之岗，并四处揽才，最终锁定诸葛亮。充分授权也是刘备用人的一个成功之处。请得孔明出山后，刘备就把军中大事一概交给他打理，很少干预，这样才使孔明有机会把才能挥洒得淋漓尽致。

留人

感情留人：刘备最善于做感情投资，以笼络人心，使自己的中坚团队牢不可破。“桃园三结义”，使关张二人死心塌地地跟着他。

事业留人：拜孔明出任丞相兼三军统帅，让其集军政大权于一身，给了他一个充分展示自己的舞台。通过封侯，使五虎上将分管五大区域，各自有了事业上的定位。

制度留人：刘备善用感情，爱兵如子，但同样重视制度，军纪严明。对结义弟兄张飞犯错也不姑息，这样一视同仁，奖惩分明，使大家心服口服，增加了凝聚力。

薪酬留人：刘备对有功之人，出手大方。益州平定后，刘备重奖孔明、法正、关张等人，每人金五百斤，银千斤，钱五千万，锦千匹。

三国时的刘备，文才不如诸葛亮，武功不如关羽、张飞、赵云，但他有一种别人不及的优点，那就是一种巨大的协调能力，他能够吸引这些优秀的人才为他所用。而且通过这种渠道结识的人，也将成为你的伙伴、同行、同事、专业顾问甚至变成朋友。能集合众人才智的公司，才有茁壮成长、迈向成功之路的可能。

◆借来的鸡要快下蛋

创业初期，微小的投入也就只能带来微小的回报。或许一些人要说：“我的回报虽然很少，但是，经过几年的积累，我就有资金去把自己的生意扩大了。”这句话说得不错。但是，资本的原始积累一般都要花费好几年的时间，如果有钱，这几年的时间你已经成为富翁了。况且，时间不等人，谁知道你现在做的生意到几年后是不是还能赚钱！

所以，还是不要等那么几年的时间，如果你看好机会，认为一定有利可图，就要想办法做风险投资，这个办法就是“借鸡下蛋”。美国富豪林恩就是一个借鸡下蛋的老手。

林恩早年独立办起了林氏电器公司，生意颇佳。但所得税把他搞得很惨，想干点大事，却缺乏资金，林恩为此苦恼透了。

通过反复思考，林恩发现只有一个办法能够解决他面临的危机，那就是成立股份公司，公开发行股票。这样，既能避免所得税，又能更多地运用金钱。

林恩办好了手续，把公司改名为“林氏电器股份有限公司”，发行80万股股票，自己留下一半，其余的40万股以每股2.5元的价格卖给大众。

林恩和几个朋友到街上挨门挨户地推销股票，甚至跑到得克萨斯州大做宣传。三个月后，40万股都卖了出去，公司得到了75万元的新资金。同时，公司以及林恩手中的那40万股也获得了一个新的市场价值。更可喜的是，股票行情还在上涨。

林恩先用现金买下了一家电器公司，使自己的实力增加了一倍，股票价格也上涨了不少。然后，他不再动用现金，而是用自己的股票买下了阿特克和天柯两个电器公司，以及沃特飞机公司。林恩成了全美最闻名的资本家。

在1965年，林恩又把总公司分成三个子公司，分别发行股票，自己留下一部分，其余的卖给大众。投资者一再抬高三个子公司的股票价格。这样，那些保留的股票使母公司的价值大幅度上升了。林恩只花了一些有限的手续费，就得到了一大笔财富。有时甚至是一觉醒来之后，就发现自己的身价又抬高了一百万元。

之后，林恩又想出一个利用别人的资金来赚钱的好方法：他用股票借了一笔钱，买下了威尔森公司的大部分股票。然后把欠债转到威尔森公司的账簿上，并且把威尔森公司也分成了三个子公司，分别发行股票，只把部分股票卖给大众。

由于人们都知道后台老板是林恩，因此股票一售即空，价格也不断上涨。这一举动的成功，林恩不仅很快还清了债务，同时也获得了一家大公司。

经商的时候，投入和回报一般都是成正比例的。要想获得丰厚的回报，就要有庞大的投入。人常说："有多大的本钱做多大的生意，想做多大的生意就要先去筹集多大的本钱。"这是非常符合市场逻辑的。做生意的时候，没钱会让你寸步难行。

创业的目的就是让自己成为财富的携带者，这个时间当然是越短越好。但是，在创立的初始阶段，一般都没有多少本钱，那么怎样才能让自己在最快的时间里获得更多的财富呢？最好的办法就是用别人的钱做自己的生意，也就是“借鸡下蛋”。

想要在短时间内获得财富，“借鸡下蛋”是一个非常不错的选择，它是通往财富的捷径。在借鸡下蛋的过程中，要巧妙地把别人的钱投入到市场中去，把利润装入自己的腰包，而且，别人还不会有什么怨言。

这需要你一定要有信誉——既然借鸡了，就要把鸡还给别人。当鸡所下的蛋的价值超过鸡本身的时候，那么，剩下的就是你自己的了。而且，因为你的投入非常大，借与还中间的差价是非常大的，那就是你风险投资的利润。

财富标杆：
丹尼尔·洛维洛——靠“借”拥有了世界上最大的私人船队

世界船王丹尼尔·洛维洛，开始的时候也是一无所有，但他充分发挥自己的才智，筹得一笔笔资金，为自己成为“世界船王”打下了坚实的基础。

1897 年 6 月，丹尼尔·洛维洛出生于密歇根州的兰海芬。小时候的丹尼尔性格孤僻，沉默寡言，船是他唯一的朋友，他梦想拥有好多好多的船。但是直到 40 岁时，这一美梦方才实现。

1937 年，丹尼尔·洛维洛来到纽约，他匆匆出入于几家银行之间，做着儿时做的事——借钱买船。他想向银行贷款把一艘船买下来，改装成油轮，因为那时载油比载其他货赚钱。

银行的人问他有什么可做抵押。他说，他有一艘老油轮在水上，正在跑运输。接着，丹尼尔将自己的打算告诉对方，他要把油轮租给一家石油公司，每个月收到的租金，正好可按月分期地还他要借的这笔款子。所以，他建议把租契交给银行，由银行定期向那家石油公司收租金，如此也就相当于是他在分

期还款。

这种做法似乎荒唐，许多银行肯定叫他走人。但实际上，它对银行是相对保险的。丹尼尔·洛维洛本身的信用或许并非万无一失，但那家石油公司却是可靠的。银行可以假定石油公司按月会付钱没问题，除非有预料不到的重大经济灾祸发生。退一步说，如果丹尼尔把货轮改装成油轮的做法结果也跟其他做法一样而失败了，但只要那艘老油轮和石油公司存在，银行就不怕收不到钱。最后，钱转到了丹尼尔的手中。

丹尼尔·洛维洛用这笔钱买了他要的旧货轮，改装为油轮租了出去，然后再利用它去借另一笔款子，再去买一艘船。如此几年后，每当一笔债付清了，丹尼尔就成了某条船的主人。租金不再被银行拿去，而是放进他自己的口袋里。丹尼尔·洛维洛没掏一分钱，便拥有了一支船队，并赢得了一笔可观的财富。

不久，又一个利用借钱来赚钱的方法在他脑海里形成了。此方法是：他设计一艘油轮，或其他有特殊用途的船，在还没有开工建造时，他就找到客户，愿意在它完工后，把它租出去。于是他拿着出租契约，跑到一家银行去借钱造船。这种借款是延期并分期还款的方式，银行要在船下水之后，才能开始收钱。船一下水，租费就可转让给银行。于是这项贷款就用上面所说的方式付清了。最后交款完毕，丹尼尔·洛维洛就以船主的身份将船开走，但他一分钱没有花。

开始时，银行再次大为震惊。当他们仔细研究之后，觉得他的话非常有理。此时丹尼尔的信用已没有问题，何况，还与从前一样，有别人的信用加强还款的保证。就这样，丹尼尔·洛维洛的造船公司迅速发展壮大起来，他真正成为一位大富豪了。

第八章

胆识导图：敢想敢做才能有好收获

◆胆识非凡，事业才能非凡

人人都渴望成功，人人也羡慕成功，走向成功到底靠什么？有很多社会学家在研究这个命题，他们从不同的角度做出了不同的解释：有人说成功靠恒心、靠天赋；有人说成功靠信念、靠机遇；有人说成功靠习惯、靠心态……我来告诉你：成功靠的是胆识！

是胆识造就了古今中外名声显赫的成功者！剖析成功者的生命轨迹，考察他们取得事业成功的真谛，无可辩驳的事实证明：**胆识才是事业成功的关键**！敢拼才能赢，敢想敢干才能创造动感人生——胆识造就成功！

财富的门都是虚掩着的。要推开虚掩的财富之门，首先要有勇气，要敢想敢干，打破常规，拒绝一切犹豫和胆怯。

没有超人的胆识，就没有超凡的事业。作为创业者，有些事情，一旦想好了，就大胆去做。在没有资金或者资金不够的情况下，敢想、敢说、敢干也是一种资本。只要你拥有超人的胆识，在资金短缺的原始积累初期，它也能发挥出难以想象的“资本”威力。

1893 年，李光前出生在福建省南安县梅山芙蓉乡，由于家境贫困，1903

年秋天，年仅10岁的李光前不得不随父亲李国专南渡新加坡谋生。就是这样一个来自贫穷乡下的孩子，后来成为东南亚的橡胶大王，其中很重要的一点是他有敢想敢干的超人胆识。在李光前先生独立创业的早期，曾发生过这样一件事：

一次，李光前想购买橡胶园，恰巧有一个准备回国的商人想把麻坡1000英亩的橡胶园以10万元出售。可是，岳父陈嘉庚却极力反对，理由是那个橡胶园时常有猛虎伤人的事情发生，因为工人不敢去割胶，胶园再便宜也会赔的。

陈嘉庚先生是商界经验丰富的老前辈，他的话几乎是真理，许多人都佩服他的远见，纷纷劝阻李光前不要轻易买下那块橡胶园。对于李光前来说，自己从一个苦孩子成为名门之后，当然和陈老先生的指点与帮助是分不开的，这一点，李光前永远感激。但是，他更不想让老先生失望，他要青出于蓝而胜于蓝。

于是，李光前开始围绕那块橡胶园进行大量的信息收集和市场调查，之后他得出了一个大胆的结论：政府已经准备在麻坡修建公路，在修建公路的过程中，原来空旷的公路上施工人员和车辆都会增多，修好公路后，来往的行人车辆会更多。这么热闹的公路老虎会因害怕而另择他处，那时橡胶园的价格也会成倍地增长。再说，正是因为现在有老虎侵扰，那位商人才急于出手，售价才这么低。如此大好的机会怎能错过？

虽然李光前的理由很充分，但是毕竟是独立创业，陈嘉庚老先生对他还是不放心。他担心一旦买下来，事情不会像李光前想象的那么好，不但赔钱，还会打击他创业的积极性，因此，并没有马上答应他借款的请求。

因为李光前是初次独立创业，资金还是要依靠老先生的，所以他暂时等了两天。几天后，他见老先生丝毫没有同意的意思，想到机不可失，他做出了大胆的决定，擅自行动，预付橡胶园的定金，最终还是按照自己的意愿把橡胶园买下了。

时过不久，李光前的预言实现了，政府在麻坡修建的公路，使他的橡胶园价格暴涨了3倍。1928年，李光前把买下仅一年的胶园以40万元的高价出售。前后不到一年，李光前净赚了30万元。1928年8月31日，李光前用这笔钱创立了自己的公司——南益树胶公司。后来他的生意越做越大，发展成为东南亚橡胶大王。

在创业初期，当事情进展得不像自己所想象的那么顺利时，许多人难免瞻前顾后，左思右想，没有自己的主见。要成功创业，其中胆识是关键的要素。民间流传的成功之道是：一胆二力三功夫。即第一是胆量，第二是力量，第三才是功夫（科学管理或专业技术）。有胆识才会有勇气，才会坚持到底。

胆识是什么？胆识是一种重要的心理资源，胆量、冒险、判断、知识、执行是胆识的构成成分。它是一种敢想敢干、敢闯敢冒险、敢作敢为的英雄气概，是一种气吞万里如虎、大智大勇的人生气概！

纵览历史，横看世界，**只有那些有胆有识的人，才能在人类历史长河中留下耀眼的光辉。胆识有多大事业就有多大，古今中外，概莫能外。**

第二次世界大战结束之前，世界上最有名的政治家都是世界征服者，如亚历山大大帝、恺撒、成吉思汗、拿破仑等。那些大国的建立者、大国重要政权的开创者、治国卓有成效者，他们没有大智大勇的胆识能行吗？ 像霍英东等商界泰斗，哪一个不是眼光独到、敢冒风险、敢为人先的？

科学领域，科学家同样是想穷人所不敢想、做穷人所不敢做的事，他们靠的是一种非凡的胆识，可以说一切发明发现，都是人类的胆识之花结出的胜利之果。出路是闯出来的！生活中能找到理想出路的人，无不是具有这种气魄的人。

智者与庸人之间，成功与失败之间，强者与弱者之间，往往就是那一点一滴之差。这一点一滴，就是胆识。胆识是人生出路的“开路神”。作为个人心理资源，胆识只是一个小小的方面，但它却能驱动个人不断地开创新的出路！

◆财富面前无出身

当今世界一日千里，财富故事也令你应接不暇，不是某某做生意发大财了，就是谁炒股票又赚了几十万元，或者昔日的农民工开着小轿车从你身边驶过……这一切，你怎么看待？**创富不是虚无缥缈的神话，也不是遥不可及的事情，命运的改变就在你的意识和观念里，只要你认识到并且行动起来。**

20世纪初，小约瑟夫出生在美国一个贫穷而偏僻的乡下。在他8岁时，一场熊熊大火把他全家赖以栖身的小房子烧成了残垣断壁。约瑟夫一夜之间成了一个小乞丐。

兄弟姊妹们先后被别人领养走了。小约瑟夫来到纽约，回到了母亲的身边。金碧辉煌的摩天大楼，脑满肠肥、珠光宝气的贵妇人，这些华丽和新鲜让从乡野里来的小约瑟夫大开眼界。他以为自己也可以过上这样的生活了。但是，当他跟随母亲来到位于纽布鲁克林区的居住地时，看到的是和外面的世界完全不同的景象：杂乱肮脏的街道，低矮潮湿的贫民窟，瘦骨嶙峋的人们。小约瑟夫不懂，为什么有人享福，有人受苦？

不久以后的一天，母亲不幸被大火烧伤，只好住进医院。从他身边走过的人，鄙夷地扔出一句话："穷鬼。"这深深地刺痛了小约瑟夫的自尊心。他警醒了：没有钱永远会被人看不起！小约瑟夫暗暗发誓，绝不再受金钱的奴役，他也要过上有钱人的生活。

1911年，年仅11岁的约瑟夫出现在曼哈顿区百老汇街的纽约证券交易市场。在熙熙攘攘的人群中，他听到也看到怎样从一无所有到转眼拥有百万美元。他被震惊了，浑身的血液在沸腾。这才是自己苦苦寻找的天堂，他发誓要加入这个行列！

3年以后，14岁的约瑟夫雄心勃勃地要向纽约证券交易所的露天市场进攻。可是，当时第一次世界大战刚刚开始，纽约证券交易所一片冷清，但他决心要找一个与股票有关的工作。爱默生留声机公司收留他做了办公室的收发员，中午还兼任接线生。

约瑟夫发现虽然爱默生留声机公司发行股票，但是自己的工作却与之毫不沾边。终于，一天上午，他鼓起万分的勇气敲开了总经理办公室的门，大胆地说："我要做您的股票经纪人。"他的勇气征服了总经理。两个星期后，他开始为总经理绘制股票行情图。

在这家公司，小约瑟夫兢兢业业绘制了3年的股票行情图。为了多挣些钱贴补家里，他开始为华尔街劳伦斯公司做同样的工作。耳濡目染和苦心钻研，使得他的炒股工作从不熟悉到熟悉，炒股经验也在不断地增长。股市的大门渐渐被他撞开了。

约瑟夫17岁时，他决定要开创一番自己的事业，虽然他倾其所有也仅有255美元！为了提高自己控制变幻莫测的股市的能力，他疯狂地学习相关的知识，并遍访各路股市高手，吸取经验。不到一年，他开设了自己的证券公司。

20 岁时，他成了股票大经纪人，每月收益达 20 万美元。

当经济危机席卷美国时，约瑟夫把眼光转向了矿产丰富的加拿大，通过与加拿大产业巨子联袂开设黄金公司，取得了该公司 59.8 万股的上市股票。在他们的参与下，股价扶摇直上，看到股价涨得过热又悄悄地卖出。一个月后股价大跌，但他赚了 130 万美元。

凭着过人的胆量和行动，其后的 20 年间，约瑟夫不仅拥有了金矿，而且还吞并了铀矿、铁矿、铜矿、石油等能源产业。约瑟夫终于实现了自己的愿望，成了亿万富翁。

人生是一个追求理想和幸福的过程，也是一个自我实现的过程。锐意进取的人会马上行动，摆脱命运的羁绊。如果只是发出“生死由命，富贵在天”的感叹，认命、听从命运的摆布，将永远也走不出贫困的沼泽地。

在踏上财富大道之前，这些亿万富豪都是籍籍无名的小卒，为别人的事业而奋斗。从一无所有到家财万贯，他们的人生故事中充满着奋斗、汗水和机遇。

1. 拉里 · 埃里森

拉里 · 埃里森出生于纽约布鲁克林区，他的母亲是一位单亲妈妈，他由芝加哥的叔叔阿姨抚养长大。阿姨去世后，他从大学辍学，此后的 8 年时间里他都在加利福尼亚打零工。1977 年他创立了软件公司甲骨文，如今甲骨文已成为全世界最大的科技公司之一。

2. 乔治 · 索罗斯

索罗斯是一位美籍犹太裔的传奇投资者，早年为了避免纳粹的迫害，他扮作匈牙利农业部职员的教子。1947 年，索罗斯逃离匈牙利搬到伦敦的亲戚家。为在伦敦政治经济学院求学，他在餐厅做过服务生，也做过搬运工。毕业后，索罗斯在一家纪念品商店工作，后来才在纽约一家银行找到了一份工作。1992 年，索罗斯成功狙击英镑，这让他一战成名，同时也一夜暴富。

3. 马云

马云出生在杭州，从小家境贫寒，他两次高考失败，第三次终于被杭州师范学院录取。毕业后，马云被分到杭州电子工业学院教英语，同时兼职做翻译。

1992 年，还在教书的马云成立了海通翻译社，三年后开始盈利，并成为杭州最大的翻译社。

1995 年，马云第一次来到美国，第一次接触到了互联网，意识到中国在互联网方面的市场空白，他创建了中国黄页网，但最后以失败收场。

1999 年，马云已经年薪百万，却毅然辞职，创建了阿里巴巴。2014 年阿里巴巴在纽交所上市，马云成为中国首富。

所有的这些事实都告诉我们，财富面前无出身！

◆赤手也要打天下

许多创业者在开始创业时并非“万事俱备，只欠东风”，但是他们拥有一种改变命运的勇气。虽然他们没有资金，与那些富家子弟创业的起点不同，但他们也敢大手笔运作，也要在财富舞台上显示自己的才能，为自己打下大片的“江山”！

唐拉德·希尔顿是世界闻名的旅店大王，但是他当初开创事业时手里根本没有什么资本。

1923年，希尔顿看中了达拉斯商业区大街转角地段，认为建造旅馆非常适合，于是便想购买下来。希尔顿请来建筑师进行测算，建造旅馆最起码需要100万美元。而这个地段的所有者是个精明的房地产商人，他基本不会让希尔顿空手拿走地皮，甚至少给一分都不行。所以，人们都认为希尔顿要拿到这块地是不现实的。当时，竞争对手很多，实力都比希尔顿雄厚。

可是，希尔顿并没有退缩，因为他意识到这是改变自己命运的机会，一定要千方百计地抓住。于是，希尔顿不顾辛苦地开展了前期工作，他先向那位房地产商的法律顾问了解情况，然后找到那位房地产商，把自己建造旅馆的宏伟计划向他说了一番。听说是建造旅馆，房地产商觉得是个稳定而且宏大的工程，于是收下了希尔顿的定金。

一段时间后，希尔顿找到房地产商郑重地说："我买地产是为了造一座大厦开旅馆。前期建筑，我的钱得全用上，所以，我不想买你的地，只想租下来。"房地产商一听暴跳如雷，大声斥责希尔顿。等房地产商平静下来，希尔顿诚恳地说："其实，你不必发火。你考虑一下，能否把租期延长一些，后面只租了10年我分期付款，你保留土地所有权。若不能按期付款，你可以收回土地，而且也同时收回饭店。"房地产商考虑了一会儿，又找到律师研究了一番，觉得可行。于是，他们二人以每年3.1万元的租金谈妥。

但是，盖旅馆不可能一分钱不花。这对于希尔顿来说又是一道难跨的坎。几天后，希尔顿找到那位房地产商，大胆地提出了自己的要求："我想和你商量一个问题，为了尽快开工，我希望能拥有以地产做抵押来贷款的权利，因为工程需要很大的资金。"考虑到自己的利益已经和希尔顿的利益绑在了一起，房地产商只得同意了。之后，他拿着这份土地使用权证明敲开了圣路易市商业银行董事长的房门。

1924年5月，希尔顿生平第一次主持旅馆的破土动工典礼。可是，旅馆盖到一半，钱已经用完了。就在承包商也一筹莫展的时候，希尔顿火急火燎地找到那位房地产商，无奈地描绘了工程管理中遇到的困难，请求他把这幢建筑物接收过去，使它得以完工。

房地产商起初不同意收这个烂摊子，但是律师告诉他这是个机会，值得一试。于是，房地产商补足了工程款，旅馆准时竣工。竣工后，希尔顿租过来

经营，希尔顿和房地产商签了10年租期的合同。

就这样，希尔顿通过大胆地使用“租、押、贷”等不同手法筹集资金，历经磨难，最终盖成了他事业道路上的第一个旅馆。

对于一个白手起家的创业者来说，这些不能不给人以启迪。**万事开头难，赤手空拳打天下更是难上加难，但正是在这样的艰难中打天下方显英雄本色，显示出创业者不畏惧、不退缩的气魄和胆量。**

所以，在创业初期，没有资金或者资金不足并不是制约创业的瓶颈。有创业的胆量就会开动大脑，积极找到创业的办法，这也是创业者成功的资本。有这样一句名言：如果生活只给你柠檬，就拿来做柠檬水。很多激励人心的名人们创业之初可是连一个柠檬都没有，然而现在都因为他们的不屈不挠而广为人知，因为他们爬到了事业的顶端。

1. 史蒂夫·乔布斯

乔布斯被他的亲生父母交给他人领养，当他的养父在车库里向他展示了技术熔补的乐趣后，他开始对电子器件产生了兴趣。由于高昂的学费给他的养父母造成了巨大的负担，乔布斯不得不从大学退学。他曾经回收可乐瓶换钱，靠克利什那庙里的免费食物生活。乔布斯从阿塔利公司的技术员开始，慢慢成为苹果公司的CEO。

2. 理查德·布兰森

布兰森从一个在学校表现糟糕，而且有诵读困难症的孩子，成长为净资产46亿美元的英国商业巨头。理查德·布兰森在一所教堂的地窖里开始了他的唱片生意，现在涉足了许多领域——唱片业、航空业和电信业，在英国富豪榜上排名第四。

3. 约翰·保罗·德约里尔

约翰出生在来自意大利和希腊的移民家庭，在成为亿万富翁之前，9岁的时候，他不得不靠卖报纸来贴补家用。他住在收养家庭里，曾经是个街头小混混，换过许多工作。用700美元的贷款，他开始经营今天享誉全球的保罗·米切尔美发产品。之后他获得了培恩烈酒公司70%的股份，该公司是世界顶级的龙舌兰酒品牌。

4. J.K. 罗琳

罗琳出生在一个底层的英国家庭，曾经与抑郁、自杀和贫穷做斗争，后来凭借大受欢迎的《哈利·波特》系列成为全球最受欢迎的英国作家之一。她读着故事长大，想象力很丰富。罗琳从她身边的事和生活中的人身上获取故事的灵感，而她写的书现在已经成为最大的电影授权系列之一。她出身卑微，却努力成了英国最有影响力的女性之一。

5. 戴蒙德·约翰

谁也没想到这个在皇后区长大的黑人男孩后来会成为嘻哈服装品牌FUBU的CEO。但是凭借着在学校里打磨出来的商业嗅觉，约翰确实做到了。他以市场价一半的价格出售流行的羊毛帽子，而且把住房抵押出去用于接下来的商业扩张。约翰获得了丰厚的回报，现在是美国最具影响力的励志演说家之一。

这些名人在从出生到成名的历程上经历了许多磨难，然而靠着坚韧、自信和努力，他们成了今天这样的励志人物。

◆有胆识，财富梦才会实现

狼在生存中，有这样一种胆识：它们敢于同敌人斗争，敢于去尝试，由此，才会成功，才会成为强者，才成为自然界中效率最高的狩猎机器，才造就了它们在自然界长达 100 万年的生存历史。

在创富的过程中，心存恐惧和疑虑是在所难免的。但是，如果处处谨小慎微，不敢去做前人未做过的事，不敢去攀登前人未曾攀登过的高峰，未免显得懦弱无能。**心存疑虑会制约前进的脚步，更难以体验到成功的喜悦，只有勇敢地抛弃那些制约自己的胆怯，无所畏惧，迈出行动的第一步，才能敲开财富的大门。**

斯通年纪小的时候，父亲就过世了，他由母亲抚养长大。童年时，斯通曾去一家餐馆卖报纸，结果他被连续赶出来好几次，而且屁股还被踢疼了。但他还是一再地溜进去，因为他实在需要钱。那些客人见他这样勇气非凡，便劝阻餐馆的人不要再踢他出去。由此斯通 16 岁的那年暑假，在征得母亲的同意后，他试着出去推销保险。曾经推销过保险的母亲指导他去一栋大楼，并从头到尾向他交代了一遍，但是他犯怵了。此时，当年卖报纸被人踢出去的情景又重现在他眼前，于是他站在那栋大楼外的人行道上，不断地发抖。这时，母亲鼓励他说："不用担心，那里的人都很有礼貌，如果你做了，无论结果如何都没有损失，还可能有大收获。但是，如果你不做，那你永远也别想过上幸福的生活。"

在母亲正反两方面的激励下，斯通硬着头皮，像当年卖报纸那样壮着胆子走进了大楼。很幸运，第一间办公室的人虽然拒绝了他，但没有把他踢出来。斯通壮大了胆子，每一间办公室都去了。那天，果然有了收获，有两个人向他买了保险。虽然斯通只赚了几元佣金，但是锻炼了他的胆量。

什么事情，只要去做，没有什么大不了的。斯通知道自己已经具备了克服恐惧的那种勇气，于是，接下来的几天，不用母亲催促，也不再需要母亲的鼓励，他每天都会提前走出家门，自告奋勇地去卖保险。尽管也遇到过一些难缠和野蛮的客户，但是斯通首先使自己保持镇静，毫不退缩，然后再想办法将保险推销出去。从此，他开始了自己的事业。

自那个假期开始，斯通继续替母亲推销健康保险和意外保险。他居然创造了一天10份的好成绩，后来发展到一天15份、20份。连母亲都感到意外，也替他高兴，因为母亲一辈子也没有卖出过这么多保险。

斯通想：为什么我能行？为什么我成功了？他终于想明白了，因为自己有了"胆量"这个法宝，胆量使他无所畏惧，想办法去克服一切困难，从而变得强大起来。

正是依靠着这种积极进取、无所畏惧的胆量，克里曼·斯通最后坐上了美国联合保险公司董事长的位置，成为全美乃至整个欧美商业界都享有盛名的大商家。之后，他根据自己的经历，向世人分享了成功的秘密及由此所带来的

幸福生活的意义。

无所畏惧的勇气是可以锻炼出来的。创富也是如此，因为畏惧失败和风险而不敢行动，只能永远没有作为，甚至被时代所抛弃。迈出行动的第一步后，你就会发现：成功其实并不难。

日本三洋电机的创始人井植熏，成功地把企业越办越好。一天，家庭园艺师傅对井植熏说："社长先生，我看您的事业越做越大，而我却像树上的蝉，一生都坐在树干上，太没出息了，您教我一点创业的秘诀吧。"

井植熏点点头说："行！我看你比较适合园艺工作。这样吧，在我工厂旁有两万坪空地，我们合作来种树苗吧。树苗1棵多少钱能买到呢？""40元。"井植熏又说："100万元的树苗成本与肥料费用由我支付，以后三年，你负责除草施肥工作。三年后，我们就可以收入600多万元的利润，到时候我们每人一半。"

听到这里，园艺师却拒绝说："哇，我可不敢做那么大的生意！"最后，他依然在井植熏家中栽种树苗，按月拿工资，白白失去了致富的良机。

人们常会用"胆量"这两个字来说明敢想敢干、敢做敢当的精神。在复杂的社会生活中，我们需要面对许许多多的问题，要有谋略、有才干，同时，还有一样东西也是必不可少的，这就是胆量。所谓的胆量，通俗地讲就是要敢于想别人不敢想的，做别人所不敢做的。

人们常说："撑死胆大的，饿死胆小的。"大胆地干，成功与失败各占一半；小心谨慎，也许不会失败，但绝不会不成功。因此，**成就事业，追求成功，必须有胆量**。成功的前提就是看有没有胆量，因此，胆量是成功的基础，胆量是成功力量的来源。

胆量在一个人的事业中有着何等的重要性！但凡天下大事，必须有胆量才能做得起，撑得住。英国科学家得出一个结论：胆量，往往才是承受生活中一切艰辛、做一切事情的根基！

◆大胆行动，草根也能成富豪

一个只有初中学历，没有进过大学，甚至英语都非常糟糕的年轻人，居然能够成功运作中国创业商机门户网站——青年创业网。25岁，就完成了从零到百万富翁的跨越，就是因为他敢闯敢干，能把想法付诸于行动。

黄新伟从小逻辑思维能力就非常强，但是偏科，因此错过了进重点高中学习的机会。他的父亲是一个非常开明的人，深知以这孩子的头脑在农村过“面朝黄土背朝天，土里刨金修地球”的生活浪费了“材料”，于是四处打听，最终决定把儿子送到武汉一家计算机集训学校，利用他的特长，学习热门专业——平面设计。同时，也因为这个专业的学历要求门槛比较低，而且学费也是家里可以承受的。

尽管学费相对较低，但是对于只种地的农民家庭来说，也是一笔不小的开支。父亲嘱咐他要好好学习，学不成的话钱就打水漂了。他郑重向父亲保证：“孩儿立志出乡关，学不成名誓不还！”

黄新伟在集训学校期间，深深地迷上了网络，一有时间就在网上收集一些创业方面的信息。当时的中国正处在改革开放的黄金时期，很多大型国有企业正在转型，人们的观念正在改变，创业已经非常流行。但是他发现提供这方面资讯的网站不仅数量少而且大都不全面，有些还是收费的，对于没有资金想创业的人来说非常不便。

黄新伟萌生了这样的想法：如果能做一个创业商机这样的网站，把创业资讯和创业项目整合在一起，帮助那些想创业的年轻人，肯定会产生巨大的社会效益。但当时的他还是个学生，不但技术方面欠缺，更重要的是没有资金。

一年多后，黄新伟毕业了，满怀创业热情的他决定和几个室友去深圳那个物竞天择的地方闯闯。但是，他一没经验，二没有英文基础，三没有学历，进大公司非常难，只能找一份计算机培训的工作，而且工资很低，他咬牙坚持半年后，辞职又开始了打工的第二站。

这次，黄新伟应聘进了一家大公司，从事的正是他想做的行业——网站建设。这家公司打出了奇特的招聘广告，引起了应聘者的强烈兴趣。该公司的招聘条件十分“宽松”：不看学历、年龄、履历、户籍、性别等，公司对应聘者曾经拥有过的“光环”不感兴趣，反而欣赏那些有离经叛道的个性的人，要求应聘者有丰富的内涵和真知灼见的思想。

公司看中了黄新伟敢想敢闯的经历和见识，破例从98%都是大学生的应聘者中录取了他！在这里，黄新伟终于把网站美工方面的相关知识学到了手。这时，他的理想开始发芽：做一个能够帮助大多数人成功的创业门户网站，就叫“青年创业网”。

一次，一位同事的话深深地刺激了黄新伟：“宁做创业狼，不做打工狗。”他毅然放弃月薪5000元的工作，打响了实现自己目标的战斗！

但是，创业的道路并不如想象的那么容易。初期，网站挣不到钱，巨大

的开支使黄新伟多次想放弃。他又想到找工作也不是一件容易的事，即使自己有一些经验和技术，多数公司还是愿意聘用高学历的。于是，他打消了放弃的念头，决定坚持下来。

经过近三年的艰难运营，网站终于有了很大起色，黄新伟在2008年的时候成立了自己的创业团队。现在的“青年创业网”已经发展成为业内最有影响力的创业商机门户网站，成为集创业资讯、财富人物、财富故事、创业商机、创业项目于一体的综合性青年创业商机门户网站！每月网站的广告收入已经超过了10万元！并且有了十多人的团队。

“胆识”就是胆略，有商战的胆略，才能抓住机会，该出手时就出手！

干事业就是要有闯劲！特别是在创业初期，要敢于不信邪，不怕打击，在看似没有路的地方闯出一条路来。

一天，下岗再就业的朱女士到山东省临沂出差，偶然路过一片山楂林，看到那里的山楂很便宜，只要几分钱一斤。她觉得，运回家乡应该有钱赚，于是留下一些定金，就去其他地方办事了。

几天后，大卡车拉着山楂就停在了她的门前。朱女士没想到自己能买这么多山楂，一下子蒙了。怎么办？最后，她瞒着家人取出存款支付了山楂钱。可是，那么多山楂终究还是没有去处。没过多久，满院子的山楂便逐渐冒出了热气，面临变质的危险。

为了寻找山楂的销路，朱女士一家家拜访那些做糖葫芦的，可是人家都是小本生意，谁也要不了这么多。总不能看着这些山楂烂掉吧。最后朱女士产生了一个大胆的想法——自己做糖葫芦。于是，她背着丈夫开始秘密地研究起了糖葫芦。

看起来简单的糖葫芦做起来可不简单。几乎用了半年的时间，朱女士终于研制出了自己比较满意的夹心糖葫芦。2000年的一天，朱女士怀着忐忑不安的心情，带着自己的糖葫芦来到了街上。糖葫芦很快销售一空。

第一天销售就有这么好的成绩，给了朱女士很大的信心。之后，她又陆续在市场上销售了一段时间，结果天天都供不应求。朱女士到工商局正式为自己的糖葫芦注册了商标，她想真正地做一回糖葫芦行业中的老大！

从此，朱女士专心致志地做起了糖葫芦生意。在丈夫的帮助下，糖葫芦生意稳步发展起来。两年后，她的糖葫芦年销量就达百万支，销售地点遍布多个省市。

尽管每个人创富的动机都不一样，有的人是出于自信，有的人是不甘寂寞，有的人是渴望财富，甚至有的人只是为了争一口气。但无论哪一种，其结果都是一样的。因为有了追求，他们才会在遇到困难、挫折的时候，义无反顾、千方百计地克服困难，从而渡过一个又一个难关，这就是创富的力量！

◆无所畏惧定成大事

成功需要胆识，需要冒险，胆识是一个人成功因素的重要组成部分。有句话说得好："一个人只有承担大风险，才能获得大成功。"有胆识的人在面对一件看似不可行的事情时，会审时度势，看到危险中所蕴藏的机遇，有勇于出手的气魄。

古往今来，成功者的胆识一直是人们津津乐道的话题。因为知识可能人人都有，而胆识却未必人人具备。

从哈佛大学的演讲台到中欧国际工商学院的演讲台，王健林一再重复这样的句子——"哈佛耶鲁不如敢闯敢干""清华北大不如胆子大"。

2014 年华人富豪榜显示，王健林是大陆首富。在"王健林成功学"里，"创新，胆子大，敢闯敢试"排名第一，这是他的人生信条和价值观中最重要的一部分。在王健林看来，"富贵险中求"，最关键的是要敢闯敢试。

王健林，15 岁参军，35 岁下海，在大连率先从事旧城改造，在东北率先进行股份制改革，在全国率先参与足球，也率先退出足球，在地产界率先开创"订单商业地产"模式，率先尝试房地产信托基金……一次快人一步容易，次次快人一步却很难。他的胆识可见一斑。

王健林出身于一个军人家庭，受家庭的影响，15 岁的王健林从四川来到东北，入伍参军，并且在 28 岁就成为一名正团职干部，其间还完成了辽宁大学的函授课程。

1987 年，为了响应国家“百万裁军”的号召，王健林告别了部队生活。转业后，王健林来到大连市西岗区区政府任办公室主任。可是，没过一年，不太安分的王健林又主动请缨，自愿去担任濒临破产的西岗住宅开发公司经理，从此，踏入了房地产这个圈子。

王健林的第一桶金来自当时同行前辈不敢或不屑于干的项目——旧城改造。那时开发项目需要有“指标”，万达拿不到，但旧城改造，政府却是非常支持。当时大连市政府北面有个棚户区，很不雅观，政府领导对来领“指标”的王健林说：“就是这里，想开多少给多少。”结果，回家一算，王健林发现，改造成本一平方米就要 1200 元，而当时大连最高房价也才 1100 元一平方米，怪不得没人愿意做。

怎么办？初入地产圈的王健林决定放手一搏，没想到却大获成功。其实，他们仅仅做了几点小创新：把暗厅改成明厅，安上了铝合金窗、防盗门，还每家配个洗手间。一千多套住房两个月全部卖光，均价 1580 元，创下了当时的新纪录。

这些创新放在现在看，似乎很简单，但在当时却需要极大的勇气。王健林从此一发而不可收，哪里有旧城改造的项目，别人不愿意干，王健林他们就去干，公司规模迅速扩大。1992 年最盛时，公司占大连市场份额的 25%。如今，万达的项目遍布全国 80 多个城市，是同行业中跨城市最多的公司。

“大量的人才失落在尘世间，只因缺少一点勇气。”从古至今，有一番作为的往往都无所畏惧。成功就是要敢闯，野性才能实现梦想！

很多人才华横溢，聪明绝顶，但他们缺乏野性，缺乏内心的张扬，他们只是在等待，却不懂得主动出击。等待有时候是必要的，但等待的目的是寻找机会，最终还是为了出击，机会是要靠自己去争取和把握的。

所以**要想成功，就必须有胆量**。一个没有胆识的人，再好的机会到来，也不敢去把握和尝试。

◆再试一次，就能东山再起

这里有一个让人非常遗憾的故事：

有一对非常好的恋人，因为一点鸡毛蒜皮的小事情而分了手。若干年之后，他们各自的婚姻都出现了危机，生活得很不开心。

在一次偶然的聚会上，他们相遇了，谈论现在，回首往事，两人都感慨不已。此时，男人依然对当年的往事耿耿于怀："那天我去登门请罪，你明明在家，为什么不给我开门？"女人很遗憾地说道："其实，我就站在门后，本来打算等你敲到第10下才开的，可你只敲了9下啊……"

为了这件事，俩人把肠子都悔青了。女人后悔自己太执拗，完全可以在男人离去时把他叫回来的；男人则是后悔自己为何不再多敲一下，只要再多敲那么一下，一切完全可以是另外一个样子的。

生活中，遭遇到失败和挫折并不可怕，可怕的是没有坚强面对的胆量和勇气。在面临挫折和失败、感到身心疲惫的时候，不妨对自己也说上一句："为什么不再试一次呢？"勇敢地再试一次，成功和希望就在前方向你招手！

创富的过程是曲折的，如果遭遇失败怎么办？是放弃，还是坚持？事实告诉我们，**勇敢地再试一次，就能东山再起**！

1892年夏季，美国密苏里平原经历了一场强度较大的暴风雨，很多农庄和房屋都被肆虐的洪水冲毁了。一个小男孩的家也在这场风雨中被毁了，一家人陷入了绝境，生活更加贫穷了。

一天，一位演说者到了瓦伦斯堡的集会上演讲，演说者雄辩的技巧、扣人心弦的故事深深地影响了男孩。男孩忽然产生了一个强烈的愿望，那就是成为一个演说家。然而，笨拙的外表、破烂的衣服和少了一根食指的左手却总是让他感到自卑。

1904年，男孩高中毕业。为了寻找出人头地的机会，他决定参加演讲比赛，争取获胜。开始时，男孩连连失败，他心灰意冷，甚至对自己的能力产生了怀疑。一次比赛结束后，男孩拖着疲惫的身子往家走，路过一座桥时，他停了下来，久久地望着下面的河水。

“孩子，为什么不再试一次呢？”不知道什么时候，父亲站在了男孩的身后。看到父亲的眼神中充满了信任与鼓励，男孩下定了决心。在接下来的两年中，瓦伦斯堡的人们几乎每天都可以看到一个身材颀长、清瘦，衣衫破旧的年轻人，一边在河畔踱步，一边背诵着林肯及戴维斯的名言。

1906年，男孩的一篇以《童年的记忆》为题的演说，获得了勒伯第青年演说家奖。这是他获得的第一次成功，这份讲稿至今还存在瓦伦斯堡州立师范学院的校志里。

这个男孩就是戴尔·卡耐基，美国著名的成人教育家、心理学家和人际关系学家。在他去世后的许多年里，在世界的各个角落，人们仍在以不同的方式不断地提起他的名字。

著名的思想家艾丽丝·亚当斯曾经说过："世上没有所谓的失败，除非你不再尝试。"卡耐基富有传奇色彩的一生让人在感慨的同时，也带给了我们深深的思考，许多时候，面对挫折与失败，或许我们也该对自己说这样一句话：为什么不再试一次呢？成功最需要的也许就是再试一次的勇气。

财富标杆：凯蒙斯·威尔逊——敢于冒险，创办假日酒店

凯蒙斯·威尔逊，是著名美国企业家，假日酒店的创始人。自 1952 年创建第一个假日酒店以来，不到 20 年时间，他就把假日酒店开到了 1000 家，遍布全美国高速公路通过的地方，并走向全世界，从而使假日酒店集团成为第一家达到 10 亿美元规模的酒店集团。

凯蒙斯·威尔逊从一个身无分文的穷小子，成为一个大名鼎鼎的假日酒店的大老板，他的坎坷经历令人感叹，他的奋斗精神令人钦佩。那么，威尔逊取得伟大成就的奥秘究竟是什么呢？很简单，就是敢于冒险！

1951 年，威尔逊带着母亲、妻子和 5 个孩子，开车到华盛顿旅行，一路所住的汽车旅馆，房间矮小，设施破烂不堪，有的甚至阴暗潮湿，又脏又乱。几天下来，威尔逊的老母亲抱怨说："这样的旅行度假，简直是花钱买罪受。"

善于思考问题的威尔逊听到母亲的抱怨，又通过这次旅行的亲身体验，得到了启发。他想：我为什么不能建立一些方便汽车旅行者的旅馆呢？他经过反复琢磨，暗自给汽车旅馆起了一个名字叫"假日酒店"。

想法虽好，但没有资金，这对威尔逊来说，确实是最大的难题。想招募股份，但别人没搞清楚假日酒店的模式，不敢入股。威尔逊没有退缩，心中只有一个念头，必须想尽办法，首先建造一家假日酒店，让有意入股者看到模式后，放心大胆地参与募股。

远见卓识、敢想敢干的威尔逊，冒着失败的风险，果断地将自己的住房和准备建旅馆的地皮做抵押，向银行贷了 30 万美元。1952 年，也就是他旅行的第二年，终于在美国田纳西州孟菲斯市夏日大街旁的一片土地上，建起了第一座假日酒店。5 年以后，他将假日酒店开到了国外。

威尔逊之所以敢于冒风险，是由于他对待成败的态度。他对待暂时的挫折，不是把它看作错误，而是把它看作长期学习过程中取得的一种经验。事实上，威尔逊无论在工作或游戏中都不会认输。

第九章

人才导图：优秀人才是永远的资本

◆小富靠勤，大富靠人

在过去十几年中，许多理论家和实践家进行了大量的研究，证明了人力资源及其管理实践是企业唯一重要的持续竞争优势源泉。研究表明，人力资源及其管理实践与企业绩效呈正相关关系。

人力资源具有其他竞争者不可轻易模仿、不可轻易转移和不能被完全替代的知识和技能，即人力资本。因此，企业在任何方面的管理创新都比较容易被对手所模仿，只有企业内部人力资本所创造的独占性的知识和技能是很难被模仿的。

在机器不断贬值，劳力、资本和知识等日益集中于人才之上的今天，人力资本不断升值已是一个必然趋势，知识正在成为现代经济中真正的资本和财富。

比如，联想20万元的创业资本竟然在不到10年间滚成数十亿元，靠的就是人力资本。而我们所熟悉的那些世界企业巨头，对于企业的人力资本也都给予了充分的重视：

——松下："松下电器是制造人才的公司。"

——微软：“优秀人才是企业的生命。”

——惠普：“人才就是资本。”

——摩托罗拉：“人是最珍贵的资源。”

——三星：“人才是企业的上帝。”

……

这些企业都深知人力资本是一种主动性资本，人力资本可以利用静态的物质资本不断地创造价值，使物质资本增值。**如果人力资本自身的价值不断提升，物质资本的升值空间就会变得更大，企业发展也会更快。**

对于人才的价值，中国历史上最成功的商人胡雪岩说：“牡丹虽好，还需绿叶扶持，光靠你一个人，就是三头六臂，到底也有分不开身的时候。还得从长远做起，要把场面拉开来，有钱没有用，还得要有人！”

……

◆协同作战，打造团队

谈到团队协同作战的好处，在这里我想和大家分享一个故事：

三个皮匠结伴而行，途中遇雨，便走进一间破庙。恰巧小庙有三个和尚，他们看见这三个皮匠，气不打一处来，质问道："凭什么说'三个臭皮匠顶个诸葛亮？'凭什么说'三个和尚没水喝？'要修改辞典，把千古谬传的偏见纠正过来！"

尽管皮匠们谦让有加，和尚们却非要"讨回公道"不可，官司一直打到上帝那里。

上帝一言不发，把他们分别锁进两间神奇的房子里——房子阔绰舒适，生活用品一应俱全；内有一口装满食物的大锅，每人只发一只长柄的勺子。

三天后，上帝把三个和尚放出来。只见他们饿得要命，皮包骨头，有气无力。上帝奇怪地问："大锅里有饭有菜，你们为啥不吃东西？"和尚们哭丧着脸说："我们每个人手里拿的勺子，柄太长送不到嘴里，大家都吃不着啊！"

上帝嗟叹着，又把三个皮匠放出来。只见他们精神焕发，红光满面，乐呵呵地说："感谢上帝，让我们尝到了世上最珍美的东西！"和尚们不解地问："你们是怎样吃到食物的？"皮匠们异口同声地回答说："我们是互相喂着吃的！"

上帝感慨万千地说："可见狭隘自私，必然导致愚蠢无能；只有团结互助，才能产生聪明才智啊！"和尚们羞愧满面，窘得一句话也说不出来。

中国谚语有云："一个和尚挑水吃，两个和尚抬水吃，三个和尚没水吃。"又云："三个臭皮匠，顶个诸葛亮！"把故事演绎过来，说的就是一种缺乏和拥有团队精神的后果。

所谓团队合作精神，就是一个集体中的每个人为了共同的目标，发挥各自的能力，达到最好的结果。**一个好的团队，最重要的任务就是决策和用人，而"人"是最有价值的资产，因此，你必须首先争取并留住优秀人才**！常言说，"一个好汉三个帮"，如果你想成功，就必须培养和发展身边的领导人。

团队合作往往能激发出团体不可思议的潜力，集体协作干出的成果往往能超过成员个人业绩的总和。正所谓"同心山成玉，协力土变金"。一个团体，如果组织涣散，人心浮动，人人自行其是，甚至搞"窝里斗"，何来生机与活力？又何谈干事创业？

在一个缺乏凝聚力的环境里，个人再有雄心壮志，再有聪明才智，也不可能得到充分发挥！只有严密有序的集体组织和高效的团队协作，才能克服重重困难，创造奇迹。

◆一个好汉三个帮，善于合作

一个坚强勇敢的好汉，需要有人帮助他才能把事情办成、办好；一个篱笆墙，需要有几根木桩帮它夯实或支撑，篱笆才能立得结实牢固。它的含义是说一个人的力量再大也毕竟有限，必须有人帮助他才能取得成功。

仅凭个人单枪匹马“闯天下”，并不能成为好汉，只有善于获取别人的帮助而有所作为的人，才是真正的好汉。在这个文明高度发达的时代，专业分工日趋细致，市场竞争日趋激烈，没有人能单靠一己之力就在某项事业上获得巨大成功。唯有依靠团队的力量，借鉴他人的智慧，才能使自己立于不败之地。

英国作家萧伯纳有一句名言：“两个人各自拿着一个苹果，互相交换，每人仍然只有一个苹果；两个人各自拥有一个思想，互相交换，每个人就拥有两个思想。”任何一个人不论他多么聪明能干，多么努力，假如仅凭一己之力，往往“孤掌难鸣”；崇尚个性与独立，单纯强调自身的力量与智慧只能让你到处碰壁。因此，一个好汉要三个帮，有了别人的帮助，成功才会越来越近。

刘邦出生于山东沛县的一个农民家庭，他不喜欢劳作，而且还“好酒好色”，是一个“不务正业的无赖平民”。然而，通过四年楚汉战争，农民出身的“无赖”刘邦，却打败了贵族出身的霸王项羽，最终登上了皇帝的宝座，建立了中国历史上的汉王朝。

刘邦一介平民，之所以能君临天下，除历史条件外，关键因素是善于用人。刘邦手下聚集了一大批文臣武将，如张良、韩信、陈平、英布、萧何等，都为刘邦平定天下立下过赫赫战功。

刘邦曾说过：“夫运筹帷幄之中，决胜千里之外，吾不如子房（张良）；镇国家，抚百姓，给饷馈，不绝粮道，吾不如萧何；连百万之众，战必胜，攻必取，吾不如韩信。三者皆人杰，吾能用之，此吾所以取天下者也。项羽有一范增而不能用，此所以为吾擒也。”

刘邦把胜利的原因归结为他能识人用人。在今天看来，刘邦的胜利，其实是团队的胜利。刘邦建立了有一个人才各得其所才能适得其用的团队，而项羽则仅靠匹夫之勇，没有建立起一个人才得其所用的团队，所以失败是情理之中的事。

试想，刘邦不是借助张良的谋略、萧何的治理、韩信的武功、陈平的口才，他能与霸王项羽一决高下吗？答案是：绝不可能的。就个体而言，刘邦无论文武都不及项羽强大，但刘邦有了团队的协助，就比项羽强大多了，这就是团队的力量。一个人能力再强、本事再大，其力量都是有限的，只有调动团队每一个人的积极性，发挥团队中每一个人的作用，才能所向披靡，无往不胜。

俗话说：众人拾柴火焰高，花靠叶捧，人靠人帮！一个人的力量有多大，不在于他能举起多重的石头，而在于他能够获得多少人的帮助。单打独斗无法给自己带来成功，任何成功都不会是孤立产生的，**要想有所成就，要想拥有自己的事业，就必须懂得如何与他人合作，借助他人的智慧，借助朋友的关系，**

塑造一个易为他人接受的自我，即使聪明绝顶的人，他人的支持也是不可缺少的。

摒弃“独行侠”的思想，提高团队合作意识，获得成功的捷径就是充分利用团队的力量，与队友配合比与队友竞争更为重要。让家庭成为你人生启航的港湾，让朋友助你成就大业，让众人的力量成就你非凡的辉煌！

◆信任是合作的前提

在这个竞争激烈的社会，与他人建立彼此信任的关系是人际关系中最高水平的关系。彼此信任，不仅是最文明、最令人满意、最美好的人际关系，而且也是效率最高的人际关系，它对人们拓展事业、增加财富、提高生活质量都有很大的影响。

苏霍姆林斯基说过："对人的热情，对人的信任，形象点说，是爱抚、温存的翅膀赖以飞翔的空气。"信任展现的是一个人的广阔胸襟，是一种以大局为重的王者风范。**人与人之间要想合作，最基本的前提就是信任。**如果两个人之间互不信任，互相猜疑，只能导致合作的破裂。有这样一则故事：

一个主人有一匹千里马和一头毛驴，它俩都给主人干活：驴拉磨，马驮着主人周游四方。但是，驴却经常遭到马的羞辱。吃饭的时候，马第九十九次辱骂驴说："没出息的家伙，一天到晚，围着一个石磨转去转来，眼睛还被蒙着，瞎走瞎忙，这样活着有什么意思？不如早点死了熬驴胶吧！"

驴再也忍受不了马的侮辱，伤心得大哭着跑走了。第二天，主人发现驴不见了，便把马套到磨上。马说："我志在千里，怎么能为您拉磨呢？"

“可我要吃面啊！没有驴，总不能吃囫囵麦粒呀！”说着，主人用布蒙住了马的眼睛，并在它的屁股上重重地给了一掌。马无可奈何地跟驴一样围着磨转起圈来。

才拉了一天磨，马就感到头昏脑涨，浑身酸疼得受不住了。它在地上打了一个滚儿，长长地出了一口气说：“唉！没想到驴干这活儿也不容易呀！今后再评论别人，一定要先换到它的位置上试试再说。”

故事中，马干马的活儿，驴干驴的活儿，分工明确，各出各的一份力气。偏偏马好事，把驴气跑，吃了苦头才知道驴的作用原来也是不可或缺的。

“被人重视的感觉”是人们在工作中最重要的动力因素之一。虽然一个企业的分工有轻重，但是从整体来说，每一个岗位都是必需的。要明白，没有大家的共同配合，再完美的计划都会成空，因此互相尊重、彼此信任是建设高效团队的基础。

信任与被信任是一笔无形的资产，在我们的生活中发挥着重要的作用。原通用电器总裁杰克·韦尔奇指出：“在现代社会，竞争是必然的，但管理更需要这张王牌——相互信任。”信任产生效率，越充分的信任，越能激发人的创造力和积极性，就越能够产生效益。坚守对别人的信任是成功者制胜的关键。

盛大网络总裁陈天桥说：“信任是成本最低的管理方式，比方说一个员工报销车票，如果我不信任他，我就要找会计审核什么的。但是如果我信任他的话，我就立刻给他报销，他就可以去干更多的活儿，效率更高，成本更低。”成功总是与高度信任联系在一起的，信任的力最不可小视。在一元化的环境中，如果你不被人信任，那你的前途注定黯然无光。

信任没有重量，却可以让人有鸿毛之轻，也可以让人有泰山之重。信任，能使人产生强烈的责任感，充分挖掘潜力，释放能量。当受到信任时，他会觉得他的身后有许多人在支撑着，他有不负众望之心，就不会被任何重负压倒。一个人发现自身的价值，往往是通过别人的信任。

◆同道更要同心

这里的“同心”指的是团队的凝聚力！

管理学上是这样定义“团队”的：“由员工和管理层组成的一个共同体，它合理利用每一个成员的知识和技能协同工作，解决问题，达到共同的目标。”一个团队成立并稳定生存，团队凝聚力是其必要条件。

丧失凝聚力的团队，就犹如一盘散沙，难以持续并呈现低效率工作状态。与其相反的是，如果团队凝聚力较强，那么团队成员就会热情高，做事认真，并有不断的创新行为，因此，**团队凝聚力也是实现团队目标的重要条件。**

1945年，号称“经营之神”的松下幸之助提出“公司要发挥全体员工的勤奋精神”，并不断向员工灌输“全员经营”“群智经营”的思想。

为了打造坚强的团队，在20世纪60年代，松下电器公司会在每年正月的一天，由松下幸之助带领全体员工，头戴头巾，身着武士上衣，挥舞着旗帜，把货物送出。在目送几百辆货车壮观地驶出厂区的过程中，每一个工人都会升腾出由衷的自豪感，为自己是这一团体的成员感到骄傲。

松下幸之助不仅给全体员工树立了一种团队意识，更是花大力气发动每一个工人的智慧和力量。为达到这一目的，公司建立提案奖金制度，不惜花重金在全体员工中征集建设性意见。松下公司建立这一制度最重要的目的，并不在节省成本上，而是希望每个员工都参加管理，希望每个员工在他的工作领域内都被认为是“总裁”。

正是因为松下公司充分认识到群体力量的重要，并在经营过程中处处体现这一思想，所以松下公司的每一个员工都把工厂视为自己的家，把自己看作工厂的主人。纵使公司不公开提倡，各类提案仍会源源不断地来，员工随时随地——在家里、在火车上，甚至在厕所里，都会思索提案。

松下公司与员工之间建立起可靠的信任关系，使员工自觉地把自己看成是公司的主人，产生为公司做贡献的责任感，激发出了高涨的积极性和创造性。松下公司因此形成了极大的亲和力、凝聚力和战斗力，使公司从一个小作坊发展成世界上最大的家用电器公司！

美国哈佛大学约翰·肯尼迪政府学院领导力研究中心的隆纳·海菲兹博士曾经说过：一个好的团队，它的能量源自于三个“凝聚”，一个“相信”。三个“凝聚”，就是要凝聚梦想、凝聚价值观、凝聚痛苦；一个“相信”，就是要相信领导者可以领导大家实现梦想。梦想、价值观、痛苦和相信，都是心态的表现形式，也可以说是产生心态能量的源泉。

企业管理中最难的是什么？企业管理中最难的是凝聚人心。不过人心是无法改变的。顺应人心、人性去设计管理规则，管理就可以由难变易。

当今是团队作战时代，一个企业仅靠个人的能力显然难以生存，唯有依靠团队的智慧和力量，才能使其获得长远的竞争优势和发展潜力，一个优秀的、具有企业凝聚力的团队才具有战无不胜的竞争力！

财富标杆：杰克·韦尔奇——任人唯贤　打造企业活力

美国通用电气公司原CEO杰克·韦尔奇被誉为“全球第一CEO”“21世纪最受尊敬的CEO”“美国当代最伟大的企业家”。

韦尔奇的成功很大程度上取决于他的唯才是举、勤教严绳、刚柔相济的用人之道。韦尔奇说：“我最大的成就就是发现一大批人才；他们比大多数的首席执行官都要优秀。这些一流的人物在通用电气如鱼得水。”

韦尔奇对通用电气公司和员工有无比深刻的了解，通用电气有十分广泛的业务，内容涉及金融资本、照明灯泡、机车、航空发动机、医疗器械、电视网NBC等。他是怎样领导强大的通用电气的？韦尔奇这样说：“我对于怎样制作一台精彩的电视节目一点儿概念也没有……但是我很清楚谁是NBC的老板，这才是至关重要的。我的工作是挑选最称职的人员并为他们提供资金。这是游戏的规则。”他把大部分时间用在人事上。杰克用人的条件是：关键在于你能干什么。通用电气对人才的选拔不注重学历和资历，看中的是实力。例如在决定一个有7800名财务人员要向其汇报工作的关键人选时，韦尔奇跳过其他几位候选人，而选了38岁的的达莫曼，达莫曼当时的职务比该职位要低两个级别。他中选的原因在于他处理其他棘手任务的能力给公司领导印象很深刻。

韦尔奇善于发现大批人才，1996年公司的交通业务部门为了将一流的人才招到其在宾夕法尼亚州的总部，聘用了一些下级军官。他们发现这批军官的能力很强。通用电气公司的其他部门纷纷仿效，当公司聘用下级军官到80名时，韦尔奇将他们所有的人请到GE总部，跟他们聊了一整天。受聘者的业绩和素质给他留下很好的印象，于是他下令每年招聘200名下级军官。不到3年的时间，通用电气公司招聘了711名下级军官，其中不少人已得到显著的提升。

韦尔奇对人的表现能力的关注，在公司每年4月开始一直到5月的会议上得到了最充分的表现。公司的最高领导层前往通用电气公司的12个业务部门，现场评审公司的3000名高级经理的工作进展，对最高层的500名主管则进行更严格的审查。会议评审通常在早上8点开始，晚上10点结束。业务部的首席执行官及高级人力资源部的经理参加评审。这种紧张的评审逼迫着这些部门的经营者识别出未来的领导者，制订出所有关键职位的继任计划，并决定哪些有潜质的经理被送到通用电气公司的培训中心接受领导才能的培训。

韦尔奇一直都在寻找最好的员工，他说："我想提醒你们，我观念中的领导艺术是什么，它只是跟人有关，只是要得到最优秀的员工。没有最好的运动员，你就不会有最好的体操队、排球队或橄榄球队。对于企业队伍也是如此。" 通用电气公司拥有世界一流的员工，所以它也是世界上最有竞争力的公司之一。

第十章

拼搏导图：要想成功就要有付出

◆世上没有不劳而获的财富

世上收获最多的人，往往是付出最多的人。记住：天下没有不劳而获的东西！

很久很久以前，有一位爱民如子的国王，在他的英明领导下，人民丰衣足食，安居乐业。国王深谋远虑，担心自己去世后，人民是不是也能过着幸福的日子。于是他召集了国内的有识之士，命令他们找寻一个能确保人民生活幸福的永世法则。

一个月后，3位学者把3本6寸厚的帛书呈给国王说："国王陛下，天下的知识都汇集在这3本书内，只要人民读完它，就能确保他们的生活无忧了。"国王不以为然，因为他认为人民不会花那么多时间来看书。所以他再命令这些学者继续钻研。两个月内，学者们把3本书简化成一本。国王还是不满意。

又一个月后，学者们把一张纸呈上给国王。国王看后非常满意地说："很好，只要我的人民日后都真正有奉行这宝贵的智慧，我相信他们一定能过上富裕幸福的生活。"说完后便重重地奖赏了学者们。原来这张纸上只写了一句话：天下没有不劳而获的东西。

大多数的人都想快速发达，但是却不明白做一切事都必须老老实实地努力才能有所成就。只要还存有一点取巧、碰运气的心态，你就很难全力以赴。不要梦想中彩票，或把时间花在赌桌上，这些一夜之间发达的梦想，都是人们努力的绊脚石。

自从听说有人在萨文河畔散步时无意间发现金子后，来自四面八方的淘金者便涌到了这里。他们都想成为富翁，于是寻遍了整个河床，还在河床上挖出很多大坑，希望借助它找到更多的金子。的确，有一些人找到了，但更多的人却一无所得，只好扫兴而归。也有不甘心落空的，便驻扎在这里，继续寻找。彼得·弗雷特就是其中的一员。

弗雷特在河床附近买了一块没人要的土地，一个人默默地工作。为了找金子，他把所有的钱都押在这块土地上。弗雷特埋头苦干了几个月，直到土地全变成坑坑洼洼，但连一丁点金子都没看见。6个月以后，弗雷特连买面包的钱都没有了，准备离开这儿到别处去谋生。

就在弗雷特即将离开的前一个晚上，天下起了倾盆大雨，并且一下就是三天三夜。雨终于停了，弗雷特走出小木屋，发现眼前的土地看上去好像和以前不一样：坑坑洼洼已被大水冲刷平整，松软的土地上长出一层绿茸茸的小草。

“这里没找到金子”，弗雷特似有所悟地说，“但这土地很肥沃，我可以用来种花，拿到镇上去卖给那些富人。他们一定会买些花装扮他们的家园。如果真是这样的话，那么我一定会赚许多钱，有朝一日我也会成为富人……”

弗雷特仿佛看到了将来，美美地说：“对，不走了，我就种花！”于是，他留了下来。弗雷特花了不少精力培育花苗，不久田地里长满了美丽娇艳的各色鲜花。

弗雷特把花拿到镇上去卖，那些富人一个劲儿地称赞：“瞧，多美的花，我们从没见过这么美丽的花！”他们很乐意付少量的钱来买弗雷特的花，以使他们的家变得更美。

5年后，弗雷特终于实现了他的梦想——成了一个富翁。

只有勤劳才能采集到真正的“金子”，用你的劳动去获得你想要的，比幻想你想得到的更重要。幸福不可置疑的条件是劳动，第一，必须是由自己来进行的自由的劳动；第二，必须是能增进我们的食欲和给予我们深沉睡眠的肉体劳动。

劳动是人所欲求的，当它被剥夺的时候，人便会苦恼。但劳动并不是道德，若把劳动当作功绩或道德，就和把吃东西当作功绩或道德一样奇怪。事实上，**劳动本身便足以给我们带来愉快与满足。**

收获大，再艰苦的工作也会变得惬意！收获可以使人忘却不快的往事，对前景充满信心。从失败的经验中吸取教训，因而获得最宝贵的经验，这亦是工作——劳动带来的一种收获。没有付出，便没有收获可言。

◆亿万富翁绝不会存有安于现状的念头

有些人安于现状，每天在浑浑噩噩中虚度美好的人生岁月。要知道，不是每一名成功人士都会有一把通向成功之路的钥匙。坐在人生金字塔顶的人，也不一定是天才。人们眼中所谓的天才，他们也是在平凡中生活，但平凡的生活描绘出了他们不平凡的人生。

谭盾是一个喜欢拉小提琴的年轻人，可是他刚到美国时，却必须到街头拉小提琴卖艺来赚钱。事实上，在街头卖艺跟摆地摊没什么两样，都必须争个好地盘才会有人潮，才会赚钱；而地段差的地方，当然生意就较差了！非常幸运，谭盾和一位认识的黑人琴手一起，抢到了一个最能赚钱的好地盘，即一家商业银行的门口。

过了一段时间，谭盾赚到了不少卖艺的钱后，就和那位黑人琴手道别，因为他想进入大学进修，在音乐学府里拜师学艺，也想和琴艺高超的同学相互进行切磋。于是，谭盾将全部的时间和精力投入到了提高音乐素养和琴艺中……

十年后的一天，谭盾路过那家商业银行，发现昔日的老友——那位黑人琴手，仍在那“最赚钱的地盘”拉琴。当那个黑人琴手看见谭盾出现的时候，很高兴地说道：“兄弟啊，你现在在哪里拉琴啊？”谭盾回答了一个很有名的音乐厅的名字，但那个黑人琴手反问道：“那家音乐厅的门前也是个好地盘，也很赚钱吗？”

“还好啦，生意还不错啦！”谭盾没有明说，只是淡淡地说着。他哪里知道，十年后的谭盾，已经是一位国际知名的音乐家，他经常应邀在著名的音乐厅中登台献艺，而不是在门口拉琴卖艺。

一些人之所以一辈子碌碌无为，直至走到人生的尽头也没有真正享受到成功的快乐和幸福的滋味，就是因为他们安于现状，不敢冒险，从来没有更上一层楼的信心。谨慎小心虽是一种优秀的品质，但裹足不前，只能让你在当今瞬息万变的社会中被淘汰出局。

拿破仑曾经说过，不想当元帅的士兵不是好士兵！一个人最重要的是不要安于现状，要有改变现状的勇气，我们任何一个人都不能安于现状不求上进。**即使现在很好，也要向着更好的目标前进。如果现在不好，那就有必要让我们变得好一点，要想变得好一点，就要敢于打破现状。**

俗语说得好，“树挪死，人挪活”，不要害怕面对改变，改变也许会使你变得更好，不要等着100%有把握了再去行动，只要有40%的可能性就应该付诸行动。

巴菲特12岁时，老爸竞选上了国会议员，全家搬到了华盛顿。小巴菲特说：这下可解脱了，再也不用当搬运工干体力活儿了。

暑假，小巴菲特到雪维蔡斯高尔夫球俱乐部当球童。最主要的工作是给客人背球包，打完一个洞，把一袋球杆背到几十米甚至几百米远的下一洞。没想到这也是一份体力活儿。小巴菲特，个子小，人又瘦，背一天球杆，肩膀上都是瘀血。有些客人，尤其是女客人，一看小家伙个子这么小，背个又大又重的球包，累得直喘气，痛得直咧嘴，太可怜了，干脆自己背。可是小巴菲特挣的小费就少多了。扛了一个夏天球包，没挣到多少钱，只是再次挣到那个教训：我真的不适合干体力活儿。

老爸后来给他出了个主意：你去送报纸吧。妈妈说：儿子，我看送报挺适合你的，放心干吧，老妈全力支持你。于是12岁的小巴菲特开始在他家附近的春谷社区送报纸。

巴菲特每天一大早4点就得起床，天天如此，即使是圣诞节照样也得送报，家里人要等他送报回来，才能开始庆祝活动。巴菲特感冒发烧生病了，妈妈就替他送报，不过赚的钱仍然归他。

也许是老爸老妈都办过报纸的遗传，巴菲特送报纸的工作越干越好，也越来越喜欢送报。送报既不像搬饲料、背高尔夫球包那么累，也不像在爷爷店里干活儿那么忙，也没人时时刻刻管着你，一个人干活儿自己说了算，一边骑车还能一边思考问题。

从杂货店小伙计，到饲料仓库小搬运工，到高尔夫小球童，再到送报小报童，小巴菲特终于找到了自己能干又喜欢干的工作。树挪死，人挪活，换一份更适合你的工作，金钱和快乐可能会增加很多。

一个人最重要的是要有一颗上进的心，**不管你现在从事的是什么职业，不管你现在的职位是什么，只要有一颗上进的心，你就会不断地成长**。只要成长，你总有一天会成功的。人的成长是不可预知的，只要你有一颗上进的心，永不放弃，你就会有所成就。

如果你同时具有上进的心和敢于冒险的勇气，那你离成功就不远了。勇气与毅力，都是成功的关键因素。只有拥有一颗不安于现状的心，一个人就会一步步地成长。成长是一个从量变到质变的过程，只有前面的积累够了，才会成功。如果你放弃了，前面的付出也会前功尽弃。积极乐观，不断进取，成功就在你面前！

◆破釜沉舟，崎岖路上艰苦奋斗

有这样一个故事：

秦朝末年，秦军大将章邯攻打赵国。赵军退守巨鹿(今河北平乡西南)，并被秦军重重包围。楚怀王于是封宋义为上将军，项羽为副将率军救援赵国。宋义引兵至安阳(今山东曹县东南)后，接连46天按兵不动，对此项羽十分不满，于是要求进军决战，帮助赵国。但宋义却希望秦赵两军交战后待秦军力竭之后才进攻。

可是，这时候，军中粮草缺乏，士卒困顿，而宋义依然在自己饮酒。项羽看到这个情景，忍无可忍，进营帐杀了宋义，并声称他叛国反楚。于是，将士们则拥项羽为上将军。项羽杀宋义的事，威震楚国，名闻诸侯。随后，他率所有军队悉数渡黄河前去营救赵国以解巨鹿之围。

在全军渡黄河之后，项羽下令把所有的船只凿沉，打破烧饭用的锅，烧掉自己的营房，只带三天干粮，以此表明要决一死战，没有一点后退的打算。大军到了巨鹿外围，包围了秦军并截断秦军外援的通道。楚军战士以一当十，杀伐声惊天动地。

经过九次的激战，楚军最终大破秦军。而前来增援的其他各路诸侯却都因胆怯，不敢近前。楚军的骁勇善战大大提高了项羽的声威，以至战胜后，项羽于辕门接见各路诸侯时，各诸侯皆不敢正眼看项羽。

后来，“皆沉船，破釜甑”演化为成语“破釜沉舟”，以比喻拼死一战，决心很大。

既勇于担当责任，又能保持谦逊谨慎的品质，把这两种看似矛盾的品质结合于一身，才是最理想的创富者。**在做事时要当仁不让、大刀阔斧，有不惜一切代价也要把事情做好的决心，**同时还要尊重、团结同事，事情做成了要和别人共享荣誉，不要自己出风头。

玛丽亚·艾伦娜·伊瓦尼斯是拉丁美洲的一位女销售员，在拉丁美洲，每5台电脑中，就有一台是她销售的；在非洲，每12台电脑中，便有一台是由她销售的。

20世纪80年代，在人们还很少见到女工程师的年代，伊瓦尼斯便在3个星期中旋风般地穿行于厄瓜多尔、智利、秘鲁和阿根廷。在这些国家，她游说各个政府部门、公司使用她的产品。而在1991年，伊瓦尼斯仅仅带了一份产品目录和一张地图，就乘飞机到达非洲肯尼亚首都内罗毕，开始了她的非洲冒险。

伊瓦尼斯是全美国最有价值的员工之一，她身上洋溢着激情和活力，她不断挑战那些别人望而却步的艰难任务。她总是对别人说：“如果别人告诉你，那是不可能做到的，你一定要注意，也许这就是你脱颖而出的机会。”正是这种精神，使她成为南美和非洲电脑生意当之无愧的女王。

无独有偶！

苏妲·莎是全球著名软件公司SAP的王牌销售员，自2000年以来，她每年都为公司带来4000万美元以上的收入。毫无疑问，这是个令人叹服的数字。

2000年，苏妲想要半导体制造商AMD公司购买他们的软件，她和负责技术采购的首席信息官弗雷德·马普联系，可是，在一个多月的时间里，马普没有回过她一次电话。苏妲不停地给他打电话，最后马普终于不耐烦了，通过下属明确告诉苏妲："死心吧，不要再打电话过来了。"苏妲只好另想办法。

苏妲调动起自己的所有资源和关系网，看看能找到什么突破口。最后，她发现，AMD的德国分部曾经购买过SAP的产品。苏妲联系到在德国负责这笔生意的销售代表，恳请他帮忙。在苏妲的努力下，德国同事找到了AMD在德国的联系人，请他去美国出差时和苏妲见上一面。这次会见，苏妲使出了浑身解数，终于促成了她和马普手下一位IT经理的面谈，这位经理随后将苏妲介绍给了马普。

苏妲在和马普见面后，认真地聆听了马普对新软件的要求，并向公司做了详细的汇报，和公司的研发部门进行了充分的沟通。她一边电话追踪马普的反应，一边推动公司产品的改进。最终，马普被她打动了。这笔交易，最后的成交额超过了2000万美元。

世上没有做不成的事，只有做不成事的人。一个真正想成就一番事业的人，志存高远，不以一时一事的顺利和阻碍为念，也不会为一时的成败所困扰，面对挫折，必然会发愤图强，去实现自己的理想，成就功业，这是一种积极的人生态度。

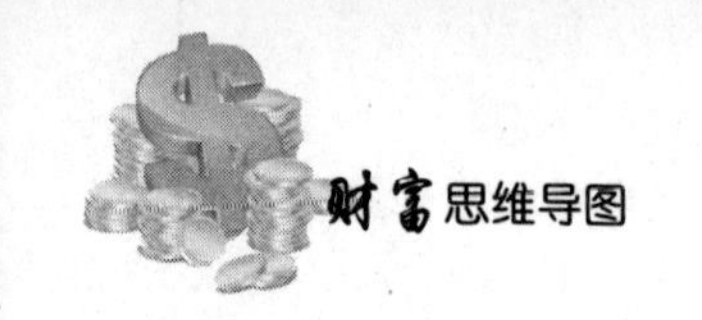

◆逆境崛起，既靠意志也靠勇气

曾经有悲观主义哲学家说，我们出生时之所以哇哇大哭，是因为我们预知生命必然充满痛苦，至于迎接新生命到来的成人之所以满心欢喜，是因为世间又多了一个来分担他们苦难的人。当然，这是消极、负面的论调，人生是苦是乐，都是内心的感受，一切都得靠我们亲自体验，例如挫折，或许遭遇之时会让我们感到痛苦，但正因为有了它，我们才能更加坚强、勇敢。

有个悲惨的少年，10 岁时母亲因病去世，父亲是个长途汽车司机，经常不在家，也无法提供少年正常的生活所需，因此，少年自从母亲过世后，就必须学会自己洗衣、做饭，并照顾自己。

然而，老天爷并没有特别关照他，在少年 17 岁时，父亲因车祸丧生，从此少年没有人能够依靠了。更不幸的是，在少年走出悲伤、开始独立养活自己时，却在一次工程事故中，失去了左腿。

可是，一连串的意外与不幸，反而让少年养成了坚强的性格，他独立面对随之而来的生活不便，学会了使用拐杖，即使不小心跌倒，他也不愿请求别人伸手帮忙。最后，少年将所有的积蓄算了算，正好足够开个养殖场，但老天爷似乎真的存心与他过不去，一场突如其来的大水，将他最后的希望都夺走了。

少年终于忍无可忍了，气愤地来到神殿前，怒气冲天地责问上帝："你为什么对我这样不公平？"上帝听到责骂，现身后满脸平静地反问："哦，哪里不公平呢？"少年将他的不幸，一五一十地说给上帝听。上帝听了少年的遭遇后说："原来是这样，你的确很凄惨，那么，你干吗要活下去呢？"

少年听到上帝这么嘲笑他，气得颤抖地说："我不死！我经历了这么多不幸的事，已经没有什么能让我感到害怕，总有一天我会靠自己的力量，创造自己的幸福。"

上帝这时转身朝向另一个方向，温和地说："你看，这个人生前比你幸运得多，可以说是一路顺风，可是他最后的遭遇却和你一样，在那场洪水里，他失去了所有的财富，不同的是，他之后便绝望地选择了自杀，而你却坚强地活了下来。"

或许，从我们出生，哭出了生命中的第一声时，我们就开始感受到，人生必定充满了泪水与艰辛，但是，也唯有这些艰难，才能凸显出生命的可贵与不凡，让我们在撒手人寰的时候笑着离开。

许多人的命运都像这个少年一般，经历了种种痛苦与磨难，但最后的结果会有所不同，因为每个人承担磨难的心境不同，唯有经过磨炼的生命，才能累积出坚强的生命力，也唯有历经风风雨雨的人，才知道生命的难得与珍贵。

拿定主意就是力量，这是一种动力，足以迎战艰险！人人都具有这动力，但在四面楚歌中，则面临的无不是艰难险境，那么你就非有"不为逆境所败"的魄力不可。

你可能会这样说:“可是你不晓得我的环境，我的情况跟谁也不同。我已被困难折磨得无法自拔。”照你的处境，你是不是比上不足比下有余？既有余则还有下坡在等着你，还没有到那退无可退的境地。

在这境遇里，你只有一条路可以选择，那就是向上，别再往下坠。一有向上之心，你立刻被鼓舞起来！不要以为你所处之处是前无古人之境，这是绝对没有的事，也是不可能的事！

◆财富总是流向勤劳的人群

任何一个人，想要成为亿万富翁，就要做事勤劳，尽心尽力，脚踏实地地付出自己的心力与劳力，不要投机取巧。懒惰就是懒散堕落，做事不积极又不勤勉。如果一个人有懒惰的心态，不管做什么事都会失败，因为“天下没有不劳而获的事”。

社会上各领域都有许多杰出的领导者，并非每个都是绝顶聪明的人，但是他们必定具备勤劳的特质，所以勤劳是迈向成功的不二法门。

台塑集团董事长王永庆一直信奉“一勤天下无难事”。因为勤奋，他从不名一文的农家子弟到亿万富翁，从不识“塑料”二字的外行到赫赫有名的塑料博士、“世界塑料大王”。最终以54亿美元身价登《福布斯》全球顶级富人榜。

雷军被称为“最勤奋的CEO”。加入金山软件16年来，他一直坚持每天工作十几小时，勤勤恳恳，鞠躬尽瘁，终于在16年中拼出上千亿元的财富。

勤勉能够创造财富！人生的许多财富，都是平凡人通过自己的不断努力而取得的。通用电气公司的CEO韦尔奇曾说“勤奋就是财富”。但凡有作为的人，无一不与勤奋有着难分的联系。远大集团总裁张跃曾说：“勤奋的人持续

不断地提高自己的素质，变得越来越敏锐。”

勤奋能塑造伟人，也能创造一个最好的自己。凡是能创造最好的自己的人，他们的努力方式虽然各不相同，但他们勤而不怠却是相同的。香港的实业家郑裕彤以巨大的成功载入了香港经济史册，受到了世人的瞩目。如今只要你翻开“周大福”的创业史，每一页都有郑裕彤先生60年如一日的奋斗足迹：他以自己勤奋进取的实际行动，证实了心诚、体勤是成功的不败原理，是创富的不二法则。

郑裕彤出生在广东省顺德县，在澳门长大。1940年，父亲让郑裕彤到周大福金行当小职员。因为郑裕彤勤奋好学，颇为能干，深得老板赏识，后来他和老板的女儿结婚，更成了这家金行的中坚分子。

从20世纪50年代中期开始，郑裕彤成为这家黄金珠宝行的实际主持人。当时，他掌管周大福珠宝行的金盘账目，并管理黄金买卖及钻石珠宝生意，业务扩展很快。由于生意扶摇直上，业务异常繁忙，那时郑裕彤每天都要工作12小时以上。

从1960年起，郑裕彤将周大福的珠宝行改为“周大福有限公司”。并且决定在原有基础上，向地产业、酒店业及娱乐业进军。郑裕彤后来成立新世界发展有限公司。新世界发展迅猛，成为全港屈指可数的大型地产上市公司，跻身于恒生指数成分股，周大福为新世界的控股公司。周大福地位之显赫，可见一斑。

郑裕彤的成功之道中最重要的是一个“勤”字，这是他“二十四字箴言”的核心，是成功秘诀中的秘诀。他几十年如一日，努力耕耘，兢兢业业，靠“勤劳”发家致富。

如果你有着很高的才华，勤奋会让它绽放无限光彩；如果说你智力平庸，能力一般，勤奋可以弥补全部的不足；如果目标明确，方法得当，勤奋会让你硕果累累；没有勤奋的工作，你终将一无所获。

洛克菲勒告诫他的儿子们，我们的财富是我们勤奋的嘉奖。**勤奋是为了自己，不是为了别人。**财富是意外之物，是勤奋工作的副产品。勤奋努力，对于我们人生的真正价值就在于开创未来，也正是因为我们拥有了未来，我们的过去和现在的成功才能得到真正的保护。所以，今天的勤奋，可以化为明天的财富！

◆从脚下开始，从毫末做起

很多刚刚从大学毕业的学生，自以为读了不少书，长了不少见识，未免有点飘飘然，做了一点事就以为索取是重要的，对自己的收获也越来越不满意，几年过去了，自己越想得到的却越是得不到，于是不知足的心理就占据了全身心。古罗马大哲学家西刘斯告诉我们："想要达到最高处，必须从最低处开始。"

有一个刚从学校毕业的大学生，踌躇满志地进入一家公司工作，却发现公司里有那么多局限性，而领导分配的工作又是一个谁都能胜任的办公室日常事务性工作，对于一向自视清高的他，别提多么失望了。

大学生到处发泄自己的不满，但好像并没有人理他。就这样，他只好埋头干活，虽然心里经常存有不情愿的感觉，但不再像刚去的时候那样浮躁了，而是努力去做自己手头上的事情，做好一件，得到领导的肯定，自己的"虚荣心"就被满足一次。靠着这种卑微的"虚荣心满足"，日子就这样一天天过去了。

有一天，大学生认识了一个白发苍苍的老人，开始他并没有注意到这位老人，只是后来由于工作的需要，接触了几回。经人介绍说，这位老人就是赫赫有名的卡普尔先生，他是公司总裁的父亲，他没有因为特殊的身份而讲究太多。竟然是那么平常，那么不起眼，每天与大家一样上班下班，风雨无阻。实在让人不敢想象！

老人曾经对他说过这样一句话："把手头上的事情做好，始终如一，你就会实现你所想的东西。"年轻人记住了老人的教诲，投入地做好每一件事情，无论自己如何的不情愿，都尽心尽力地做好，而且做了以后，心态就平静了。

如果你想行走千里，想成为参天大树，那么你必须从脚下的第一步开始，从小树苗开始长起。这句话告诉我们的是，**千里之行始于足下，凡事不能好高骛远，得一步一步地来，不要浮躁**！

做任何事情，都必须脚踏实地，那些成功者是心在高处，手在低处——通过一个个具体的行为去实现自己的远大志向，而不是好高骛远，总让自己飘飘然。这是成功者必备的一种做事习惯！

若想成功的话，一个人必须接受一些问题、压力、错误、紧张、失望——这些也都是生活中的一部分，许多人都会觉得无法应付生活对我们的要求。

有一位年轻人，对生活的不满和内心的不平衡一直折磨着他，直到一个夏天与同学尼尔尼斯乘他们家的渔船出海，才让他一下子懂得了许多。

尼尔尼斯的父亲是一个老渔民，在海上打鱼打了几十年，年轻人看着他那从容不迫的样子，心里十分敬佩。

年轻人问他："每天你要打多少鱼？"他说："孩子，打多少鱼并不是最重要的，关键是只要不是空手回去就可以了。尼尔尼斯上学的时候，为了缴清学费，不能不想着多打一点，现在他也毕业了，我也不奢望打很多了。"

年轻人若有所思地看着远处的海，突然想听听老人对海的看法。他说：“海是够伟大的了，滋养了那么多的生灵。”老人说：“那么你知道为什么海那么伟大吗？”

年轻人不敢贸然接茬。老人接着说：“海能装那么多水，关键是因为它位置最低。”

正是老人把位置放得很低，所以能够从容不迫，能够知足常乐。许多年轻人有时不能摆正自己的位置，经常为自己的一点成绩沾沾自喜，有一点优势便以为自己天下第一，夜郎自大。如果能把自己的位置放得低一些，就会有无穷的动力和后劲。

我们现在没有任何理由去鄙视那些所谓低层次的创业者，他们的创造同样也让人听得有滋有味，羡慕不已，他们受益和成功的进程也最不明显。究其原因，主要是他们没有心理负担，没有包袱，没有顾虑，把自己的位置放得很低，所以他们成功了。而我们许多人却没有这种勇气。

如果我们也敢经常对自己说：“大不了自己回家种地去。”在做事情时就能充分发挥自己的优势，就能真正超越自己，战胜自己，而离成功也就不远了。无论你是天之骄子，还是满面尘土的打工仔；**无论你是才高八斗，还是目不识丁；无论你是大智若愚，还是大愚若智；如果没有找到自己的位置，一切都会徒劳无益！**

◆脚踏实地才能成为亿万富翁

记得有这样一个故事：

一个贫穷的人，拾到一个鸡蛋，于是便浮想联翩，梦想着先借别人的鸡孵出小鸡，然后鸡下蛋，蛋生鸡，用鸡卖钱，钱买母牛，母牛生小牛，卖牛得钱，用钱放债，最后成了巨富。正当此人高兴时鸡蛋却碎了，原来这一切都是梦。

在我们现实生活中，是不是也存在只有梦想而却不脚踏实地的人？刚出校门，就希望明天当上总经理；刚开始创业，就想着当首富；对小的成就看不上眼，出人头地一鸣惊人那倒是梦寐以求的事。要他们从基层做，他们会觉得没面子，认为凭自己的条件，自己的能力做那些工作简直是大材小用；稍有不顺心就会抱怨领导不重视、不理解，自以为是。

可是，要知道，光有远大的理想，如果缺少对专业的了解和丰富的经验，不知道职场上的甘苦，更不懂得从小事做起，脚踏实地地做事，实实在在地前进，那是不可能在工作上取得骄人业绩的。

很多大事业的成功都是从一点点的小事情做起的。在生活中很多人失败

就在于他们心中总是抱有很大的幻想，给自己设置很大的目标，而对于眼前的工作却看得很简单，不努力去做，结果导致了失败。

以精明闻名的浙商，几乎什么生意都做，诸如修理鞋子，买卖纽扣、打火机等，但是，他们却很少炒股。这让许多投资于股市的人非常纳闷。实际上，并不是温州人不想从股票中获得利益，而是他们觉得股票是一种过于投机的投资行为，不如做一些小生意来得稳当。做一些稳当的小生意，踏踏实实的，就一定能够取得成功，股市则往往不受自己的控制。这就是浙商奉行的不熟不做、不实不做的原则。

1996年，安徽省的李小环听说皮鞋厂对用来抛光鞋面的布轮需求量很大，利润也不错，就在家里办起了做布轮的小作坊。

布轮一做出来，李小环就带着样品去温州推销。结果，第一笔单子很顺利就做成了。根据温州人的生意规则，一般是一段时间结一次账，而不是每次拿货都付现金。但是，李小环希望能够拿到现金，陈经理爽快地付了现金。

就这样，陈经理每次都向李小环破例支付现金。当第四次去送货的时候，李小环主动对陈经理说："你打个条给我就行了！"

6年后，李小环的客户已经有20多家了，他也已经习惯了送货时打条，一段时间后结一次账的做法。

这就是浙商，他们总是脚踏实地地做自己的生意，而不是企图从他人手中获得一些不义之财。他们清楚地知道，唯有踏踏实实地做了，自己的命运才会有所改变。任何碰运气的情况都不可能真正让自己成功。

无数的事实证明，想要成为一个成功人士，就需要一步一个脚印，脚踏实地，从最基础的事情做起，为自己的发展打下坚实的基础，就像建造房子一样，只有把基础打扎实了，发展才会迅速，大楼才会盖得既牢固又高大。

新希望集团董事长刘永好说："我们没有进入世界500强的计划，脚踏实地做好就是进步。"事实上，做任何事情都需要脚踏实地，事先想好自己要达到的目标，并为自己设定一个计划去达到目标，在这个过程中，一步一个脚印是最重要的。**任何妄图一步登天的想法都是侥幸心理，不可能帮助你实现目标。**

脚踏实地是一个人所必备的素质，也是实现加薪升职、干一番事业的关键因素。自以为是、自高自大是脚踏实地工作的最大敌人。一个人若时时把自己看得高人一等，处处表现得比别人聪明，那么他就不会屑于做别人做的工作，不屑于做小事、基础的事。一屋不扫，何以扫天下？若没有处理小事的能力，又如何去处理大事呢？

每一个人要想实现自己的理想，就必须调整自己的心态，脚踏实地，与时俱进，奋发进取，虚心学习，从点滴小事做起，从最基础的工作做起，不断提高自己的能力，为自己的职业生涯积累雄厚的实力。

财富标杆：
王传福——从寒门学子到内地首富

在各式各样的富豪榜上，位次发生变化是常事，但像比亚迪董事长王传福那样仅一年时间如坐上火箭般蹿升102位，并一举夺得首富的情况却不多见。

20世纪90年代中期，手提电话(大哥大)进入中国，一块小小的电池就要上千元，让王传福意识到这是个重大商机。此外，20世纪90年代初期，日本宣布将不再生产镍镉电池，也为王传福创业提供了契机。

当时深圳的手机电池组装企业多如牛毛，但电池专家出身的王传福一开始就涉足核心的电芯技术，高起点为比亚迪的发展奠定了基调。通过拆解、学习、改造、创新，最终比亚迪硬是将电池业务做到了国内第一、世界第二。

从21世纪初开始，比亚迪就酝酿进入手机部件的生产和组装业务。2003年，比亚迪正式进入该领域，从此一发而不可收，与该行业的龙头鸿海集团形成正面交锋之势，手机配件业务成为比亚迪这几年的现金奶牛。

更让人意想不到的是，2003年，比亚迪以2.69亿元收购秦川汽车，进入完全陌生的汽车领域，业界哗然。当时中国掀起了民企进军汽车行业的大潮，美的、波导等知名企业纷纷加入战团。当时名不见经传、从未涉足过汽车领域的王传福，是最不被看好的“赶潮者”之一。

比亚迪将在电池和手机领域的生产模式搬到了汽车上。第一辆土里土气的样车面世的时候，不但王传福傻了眼，经销商更是沮丧到了极点。然而，比亚迪坚持低成本战略，走模仿道路，2006 年，比亚迪的汽车业务开始盈利。2007 年到现在，比亚迪汽车的增长让业界刮目相看，2010 年上半年比亚迪生产了 18 万辆汽车，同比增长 150% 以上，全年有望卖出 43 万辆。

最值得关注的是，比亚迪在新能源汽车领域，已经走在了全球同行的前列。F3DM 从 2008 年底上市后，一直受到各方关注。近 300 亿元的增量，将比亚迪总裁王传福推上了 2009 年中国新首富的宝座。

第十一章

节俭导图：小漏不堵大漏无法补

◆乱花钱是罪恶，创造财富才神圣

一切财富都是劳动和创造的积累，不懂得财富的宝贵和节俭的重要，就是对劳动成果的浪费。很多富商都深知这一点！

加拿大首富肯尼思·汤姆森在《福布斯》2006年富豪排行榜排第九位，个人净资产196亿美元。汤姆森备受媒体关注，不仅仅是因为他掌握的巨大的财富，还因为这位富豪的谦逊、害羞、异常低调、超级“抠门”等性格特点。

1923年9月1日，肯尼思·汤姆森出生于多伦多，5岁时随父亲移居加拿大安大略省。父亲罗伊本是理发匠之子，靠销售收音机起家。整个20世纪60年代，罗伊·汤姆森在英美购买了数百家报刊，其中包括《星期日泰晤士报》等著名报刊。

尽管腰缠万贯，但汤姆森却从不乱花一分钱，过着非常节俭的生活。据悉，汤姆森穿衣都很便宜，出差坐飞机都是经济舱。更让人不可思议的是，当地人都经常看到他在多伦多杂货店选购食品，甚至看到他穿着后跟有磨损的鞋子。他一贯坚守自己的“独处”方式，避免大众的关注，为人低调不张扬。

为节省费用，汤姆森平时总开着一辆旧车，也不雇用司机，停车都停在公共停车场，甚至理发也全由妻子代劳。尽管自己是多伦多6个大俱乐部的成员，但却很少光顾；为了节约，他还经常走很远的路，去买便宜货。有一次，仅低价处理的汉堡包，他就一口气买了六个大食品袋。但也就在这天，他支付6.41亿美元买下了一家企业。他之所以如此节省，是因为他坚持这样的理念："乱花钱是罪恶，创造财富才神圣。"

还有这样一个故事：

有一个贵族要出门到远方去。临行前，他把三个仆人召集起来，根据各人的才干，给他们银子去创造财富。后来，贵族回来了，他把仆人们叫到身边，了解他们经商的情况。

第一个仆人说："主人，你交给我5000两银子，我已用它赚了5000两。"主人听了很高兴，赞赏地说："善良的仆人，你既然在赚钱的事上对我很忠诚，又这样有才能，我要把许多事派给你管理。"

第二个仆人接着说："主人，你交给我的2000两银子，我已用它赚了2000两。"主人也很高兴，赞赏这个仆人说："我可以把一些事交给你管理。"

第三个仆人来到主人面前，打开包得整整齐齐的手绢说："尊敬的主人，您的1000两银子还在这里。我把它埋在地里，听说您回来，我就把它挖出来了。"主人的脸色沉了下来："你这个又恶又懒的仆人，你浪费了我的钱！"于是，夺回了这1000两银子。

这个有1000两银子的仆人以为自己会得到主人的赞赏，因为他没有丢失主人给他的1000两银子。在他看来，虽然他没有使金钱增值，但也没有使金银丢失，就算完成主人交代的任务了。然而他的主人却并不这么认为，主人不想让自己的仆人顺其自然，而是希望他们表现得更杰出一些。他想让他们超越平庸，其中两个仆人做到了——他们使赋予自己的东西增值了，而只有那个愚蠢的仆人得过且过。

这个故事再明确不过地说明了**"使财富增值是每个人的天职"**。如果老板出于信任，拨一笔资金让你经营一个项目，你首先不能使公司亏本，进而必须要让自己创造出高于启动资金几十倍的财富来，如此，你才算尽到了自己的天职；相反，如果你没有使资金增值，亏了本或者只是保持了原样，就会跟最后那个仆人一样，是没有尽职的。

今天的商业社会还处于一个"利润至上"的阶段，每一家公司为了生存和发展也不得不秉承这一原则。在这样的阶段里，千万不要以为"听话"就够了，这仅仅是一方面的要求，想方设法为公司创造财富才是最重要的。因为公司请你来，就是希望你能够为公司创造价值，把创造利润作为自己最重要的目标。

公司利润大小关系着个人收入的多少，幸福美满的家庭生活需要经济的支撑和保障。每个人、每个家庭的命运都和公司的命运紧密相连，我们拥有的一切美好生活都源于自己对公司真诚的付出。

◆克勤克俭，富而不奢守本分

调查显示，2009年中国游客在法国购买免税商品的总额达1.58亿欧元，比排在第二位的俄罗斯人多出0.47亿欧元，从而加冕法国购物之王。尽管中国游客在法国消费时一掷千金，但买到的似乎仅仅是“购买力第一”的称号，因为未富先奢的行为很难赢得尊重。

（央视网1月28日）

与之形成鲜明对比的是，人均年收入达3万余美元的世界首富瑞士人，素以节俭闻名于世，生活精打细算，从来不大手大脚花钱。他们普遍注重实用，不求奢华。

瑞士，堪称世界上的“首富”。这个国家的年人均收入高达3万多美元，名列欧洲第一，生活水平居世界前列，其失业率仅3%；每千人拥有640台电冰箱、410部电视机、480辆汽车。可是在如此富有的国度里，人们从来不大手大脚，反而素以节俭闻名于世。瑞士人常说：“我们没有资源，有的只是一双勤劳的手。”既然是靠双手挣来的财富，就没有理由不好好珍惜。

瑞士的汽车普及率很高，平均两人就有一辆。按理说，对于富有的瑞士

人来讲，买辆豪华的“奔驰”牌或“林肯”牌高级轿车不会有什么问题。然而，在瑞士的公路上行驶的大多是“丰田”“雪铁龙”“大众”及甲壳虫等普及型轿车。

瑞士被誉为“手表王国”，所产的“劳力士”“梅花”“雷达”和“欧米伽”等品牌手表名扬全球。以瑞士人的收入，花上几千元买块“劳力士”应该只是笔很小的开支。但瑞士人大都戴着普通手表，有的年轻人甚至戴的是无人问津的塑料电子表。

在瑞士，即使百万、亿万富翁，也不会斗富摆阔。拥有亿万家产的，很可能就是一位身着普通服装在超市里挑选廉价商品的人。

精打细算、节约光荣在瑞士已成为不成文的规矩，国民自觉遵守。那里的餐厅不允许顾客浪费，要求吃多少买多少。对于浪费者，要处以罚款。

大公司举办高层次国际学术交流会，购买往返机票总是挑最便宜的航班，选择租金低廉、交通便利且能够代办午餐的旅馆作为会场；一日三餐都是固定的，要想多吃或另选佳肴，就得自己掏腰包。与会者根本不奢望主办方举行盛大的招待会，能够发给一支铅笔、一个笔记本，提供一杯咖啡就很不错了。

瑞士人富而不奢，堪称节俭“楷模”。他们的消费观念和做法，值得其他国家借鉴，更值得生活水平不高的我们学习。

钱多了，生活上轻松潇洒一些，消费时大度豪爽一些，这本无可厚非。可是，有些人在迅速暴富后，被突然到手的巨大财富刺激得浑身焦躁难耐，滋生了一种摆阔显富的逆反心理。买别墅，住豪宅，乘名车，穿名牌，到酒楼挥洒千金斗富不眨眼，摆万元一桌的宴席权作毛毛雨，甚至吞金箔、咬金饺，小费一给就是上千元。真可谓豪气干云，气冲牛斗。

人活在世上，不光要过上吃饱穿暖的物质生活，还要拥有充实丰富的精神生活。从一定意义上说，积极向上的内心世界深邃广袤，能带来无尽的追求和欢乐，引导大家步入生活坦途，享受人生醇美。

富而不奢是一种高尚清纯的人格品位，是一种积极健康的生活时尚。它摒弃的是穷奢极欲的唯金钱至上观，推崇的是量入为出细水长流的节俭美德；同时也从一个侧面告诉我们应该如何做驾驭金钱的主人，不要跌入金钱编织的陷阱。

◆省钱就是赚钱

相信很多人都听过洛克菲勒的故事。洛克菲勒虽然拥有富可敌国的财产，但他在支配手中的每一分钱时都十分慎重，平时也非常注意节约。他曾对他的下属说："科学地省钱就是赚钱。"

19 世纪 80 年代初，洛克菲勒曾视察位于纽约的一家标准石油公司的下属工厂。这家工厂灌装每桶 5 加仑的石油，密封后销往国外。

洛克菲勒观察了一台机器给油桶焊盖的过程后问一位专家："封一个油桶用几滴焊锡？""40 滴。"专家回答。"有没有试过用 38 滴？"洛克菲勒问。"从来没有。""那就试着用 38 滴焊几桶，然后告诉我结果。"

结果，实验中用 38 滴焊锡焊的油桶中有一小部分漏油，但是用 39 滴焊锡焊的油桶则没有出现这种情况。从那以后，39 滴焊锡便成为标准石油公司下属所有炼油厂实行的新标准。

后来洛克菲勒退休后，对此事仍然津津乐道："那滴节省下来的焊锡，在第一年就为公司节约了 2500 美元。这项节约措施也一直得到贯彻，每桶节约一滴。从那时到现在，已经累计节约了好几十万美元了。"

任何劳动成果即使不是自己亲手创造的，也是他人用血汗创造的。有人说，浪费也是一种犯罪，这是非常有道理的。如果在消费上比较冲动，为了所谓的面子，为了追求享受，很容易造成许多不必要的浪费。

成功者不会仅从自己的虚荣出发去打理家庭的财产，更不会总是凭感觉冲动购物，而是能够非常理性地支配手中的每一分钱，绝不浪费。哪怕仅能节省一分钱，也会尽量去做。

不积小溪就难成江海，没有理性的消费和日常点滴的节省，就不可能真正走向财富之路。曾有人计算过，如果每天节省下2元钱，一年就能省下730元钱；按40年利率3%计算，这730元的年金终值系数为75.401，40年后就是55042.73元。

那么，日常生活中究竟该如何节省才能达到赚钱的目的呢？

1. 家庭用品可以批发购买

批发价总会比零售价便宜，如果家庭用品能直接批发，那么肯定会省下不少钱。但是，有些时令性的物品，如水果、蔬菜等，一次购买太多就会腐烂，反而会造成浪费。那要怎样真正享受到批发价呢？

可以几个家庭、一个集体、一个单位的同事联合起来，大批购买日用品，这样就能享受到批发价格。可不要小看批发差价，一个月下来至少可以省下几十元呢！

2. 不要让小开销形成大支出

众所周知，已经养成的消费习惯是不容易更改的，因此购物时最好能注意一些小细节，以免让小开销累积成大支出。比如：超市里包好的物、蔬菜等，出售价格一定比自由市场上的散装食物和蔬菜贵，所以这些食品都没有必要去超市购买。

另外，购物袋是收费的，所以去超市时最好能携带购物袋，不仅能减少塑料袋造成的白色污染，长此以往也将节省出不少钱来。

3. 注意折扣和促销信息

一般来说，每年的节假日或换季期间，商场、超市等地方总会有一些打折促销活动。在折扣初期，的确能买到一些物美价廉的好东西，但在折扣末期，可能只剩下清仓货了，这时就很难买到好东西了。

比如，每年的节日期间，超市都会有一些物美价廉的生活用品促销，像大米、食用油、卫生纸等，比农贸市场的还要便宜，完全可以利用这些机会多储备一些生活用品。

◆该花的不省，该省的不花

在全球经济不景气的背景下，在这场传统的娱乐中，血拼族们，既不能单纯地疯狂，也不能偏执地理性，而是要有一份“该花不省，该省不花”的淡定。

每年的最后一个季度，可谓是“血拼季”，9—11月是销售的淡季，也是商场的“店庆季”，12月更是折扣月，商家为了在淡季里抢占市场，促销的力度越来越大。降价对消费者来说，谁说不是好事？是刺激消费的信号。但在促销中，各商家设下各种充满诱惑的消费陷阱，提醒消费者要谨慎。

刚刚过去的周末晚上，趁人流量不是太大的时间段，李梅去街上逛了逛，看到各大商场都正在搞活动，什么“330换600”“买400送400”，等等。当时，李梅在某商场看中了一件休闲风衣，以往最多卖四五百元的价格，现在却标价985元。

营业员“善意”地劝导说，现在买合算，再买200多元的东西，就可以凑满1200元，只花660元去换券即可。想想蛮划算的，于是李梅就兴冲冲地去照着办了，660元果然换回了1200元的券。可付完985元买风衣的钱，还剩215元用来买什么呢？

李梅在商场里又转悠了一圈。虽然看到一些自己想买的商品，上面却标明“本柜台不参加活动”的字条。原来，用购物券买东西只能买一些被划定了的商品。再看那些商品，不仅过时，而且还多是些没有多少实际用处的物件。

李梅心里闷闷不乐，随便抓样东西，花完那215元购物券之外另外还添了几十元，就匆匆结账走出了商场。

实际上，无论商场怎么让利，如何返券，赔本的买卖是绝对不会干的。消费者一旦涉足其中，便中了圈套，一步步被商家牵着鼻子走，在看似得到实惠的同时，却帮着商家售出了大量的积压商品。因此，在这场传统的娱乐中，血拼族们，既不能单纯地疯狂，也不能偏执地理性，而是要有一份“该花不省，该省不花”的淡定。否则，稍一动心，说不定就被精明的商家给忽悠了。

君不见，各种打着“全场清货”“店铺转让”招牌的商店随处可见，是否都是真的要关门了呢？其实，这完全是某些商家专门骗取外地顾客的花招。一定要擦亮眼睛，做个精明理智的消费者。

很多时候，人们会面临花与省的两难选择，同时难免存在因忽视花与省的问题而备受困扰。**“该花不花难发家，该省不省易亏本”，不该花的就是该省的。不该花的花了，小则减少企业利润或家庭财产，大则造成企业亏损或家庭经济拮据；而不该省的就是该花的，省下该花的钱，就断了发展壮大之路，也是一种罪过。**

对于经营者来说，往往追求利益最大化即增收节支，因此该花不花的问题比较突出。比如该投入的设施、人力不投入，影响工作效率、经营成果、产品（服务）质量、人身财产安全等；该投入的生产经营成本不到位，或偷工减料，或掺杂使假，难以蒙蔽越来越精明的消费者；该投入的劳动力成本缩水了，难免造成人才外流等。

对于家庭来说，同样是该花则花，该省则省。比如，投资于教育、房产、家居、娱乐、健康等，在力所能及的前提下，适当地花钱，能提高生存能力、生活质量和身心健康，延年益寿，如果怀有守财奴的心态，难免“终朝只恨聚无多，积到多时眼闭了”。

其实，“该花不花难发家，该省不省易亏本”的意识或潜意识，很多人都有，关键在于尺度难以把握：一是到底有哪些是该花的，哪些是该省的；二是该花的什么时候花，该省的省到什么时候；三是该花的花多少，该省的省多少。这就需要在实践中胆大心细地不断积累经验。

◆生活从简，不铺张浪费

古人云："俭，德之共也；侈，恶之大也""历览前贤国与家，成由勤俭破由奢"。勤俭节约是国人的一种传统美德，是中华民族的优良传统。小到一个人、一个家庭，大到一个国家、整个人类，要想生存，要想发展，都离不开勤俭节约这四个字。历史上，古今中外勤俭节约的故事不胜枚举。

朱元璋的故乡凤阳，还流传着四菜一汤的歌谣："皇帝请客，四菜一汤，萝卜韭菜，着实甜香；小葱豆腐，意义深长，一清二白，贪官心慌。"朱元璋给皇后过生日时，只用红萝卜、韭菜，青菜两碗，小葱豆腐汤，来宴请众官员。而且约法三章：今后不论谁摆宴席，只许四菜一汤，谁若违反，严惩不贷。

有这么一个民间故事：

从前，在中原的伏牛山下，住着一个农民叫吴成，他一生勤俭持家，日子过得无忧无虑，十分美满。临终前，他把一块写有"勤俭"二字的横匾交给两个儿子，告诫他们说："你们要想一辈子不受饥挨饿，就一定要照这两个字去做。"

兄弟俩分家时，将匾一锯两半，老大分得一个“勤”字，老二分得一个“俭”字。老大把“勤”字恭恭敬敬高悬家中，每天“日出而作，日落而息”，年年五谷丰登。然而他的妻子过日子却大手大脚，孩子们常常将白白的馍馍吃了两口就扔掉，久而久之，家里就没有一点余粮。

老二自从分得半块匾后，也把“俭”字当作“神谕”供放中堂，却把“勤”字忘到九霄云外。他疏于农事，不肯精耕细作，每年所收获的粮食自然不多。尽管一家几口节衣缩食，省吃俭用，也是难以持久。

这一年遇上大旱，老大、老二家中都空空如也。他俩情急之下扯下字匾，将“勤”“俭”二字踩碎在地。这时候，突然有纸条从窗外飞进屋内，兄弟俩连忙拾起一看，上面写道：“只勤不俭，好比端个没底的碗，总也盛不满！”“只俭不勤，坐吃山空，一定要受穷挨饿！”兄弟俩恍然大悟，“勤”“俭”两字原来不能分家，相辅相成，缺一不可。

吸取教训以后，他俩将“勤俭持家”四个字贴在自家门上，提醒自己，告诫妻室儿女，身体力行，此后日子过得一天比一天好。

修身、齐家、治国都离不开勤俭节约！勤俭节约是中华民族的传统美德，但当前大量的铺张浪费现象让人忧虑，例如，婚事的大操大办，大手大脚的“吃喝风”，一掷千金的奢侈消费等。此外，在资源和能源上的浪费也令人痛心，“月饼盒”的过度包装，随处可见的“长明灯”“长流水”等。

在创富的过程中，我们要牢固树立勤俭节约的优良传统，养成正确的消费观念和消费习惯，从现在做起：

节约每一粒米、每一滴水，节约每一张纸、每一度电；

减少一次性物品，如纸杯、一次性筷子、塑料袋等的使用，合理进行废

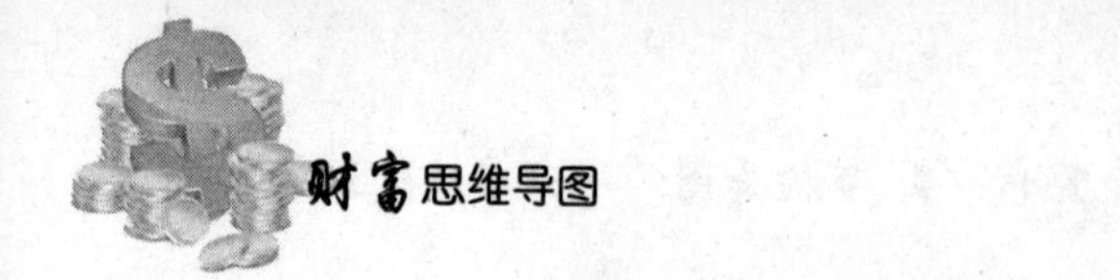

物利用，避免资源浪费和环境污染；

提倡生活节俭，把握好吃穿用度，培养良好的生活习惯，提倡合理、适度消费；

要形成“铺张浪费可耻，勤俭节约光荣”的良好氛围，使勤俭节约成为一种时尚、一种习惯、一种精神。

财富标杆：
任正非——排队打车，一年纳税400亿元

2016年4月16日深夜，72岁的华为老总任正非，独自一人在上海虹桥机场排着队等待出租车。当时有人拍下了这样一幅画面，只见照片中的任总站在等出租车的人群中，一手打电话，一手推行李箱，表情和气谦逊、淡定自若。很快，这张照片就红遍了网络，刷爆朋友圈，见者无不肃然起敬。其实，这已不是第一次有人看到任正非深夜乘飞机了，2012年的时候，也有人在机场巴士上遇见任正非，并在网上爆料。

网上流行着这样一句话：现在风头正旺的公司中国可以没有其中任何一家，除了华为。因为没有任何一家公司能替代华为。这是世界上最大的电信设备公司，为全球20亿人口、150个国家提供服务。甚至在电信技术领先的欧洲地区，华为拥有的市场占有率也超过了50%。从2000年至2015年，华为营收累计达2.3万亿元，70%以上来自国际市场，这一部分收入达到1.38万亿元。而华为2019年7月30日的业绩报告表明，上半年的营收为4013亿元，同比增长达到23.2%，实现净利8.7%。国际市场的手机出货量达到1.18亿部，剧

增24%，还在全球获得50份5G商业合同，已有多于15万个基站发到世界各国。华为的台式机也增加3倍，平板增加10%，云服务用户达5亿以上。华为一年就给国家纳税400亿元。那么，为何一位身价数百亿元的企业老总，不享受专车，也不走贵宾的通道，却要深夜在机场等出租？

实际上，这并非是一朝一夕的事情。据了解任正非的人士介绍，在这数十年里，任正非常常独自一人打车。早上到酒店参加会议，往往也是自己打车过来。他坐飞机头等舱时，机票都是自己掏腰包。任正非明确禁止上级接受下级的招待，即使开车去机场接机也会被他痛骂：客户才是衣食父母，时间、力气都应该放在客户的身上。因此，华为流传着一句话，有架子的人是做不了大领导的。

当2015年任正非位居福布斯华人富豪榜第350名时，他的身价也达到数百亿元，这时任总开的还是那辆不足10万元的二手标致车。从华为的快速增长期，到以后的稳定发展期，任正非一直没有打算换掉这辆车。后来只是因为接待领导、客户、外宾的需要，才不得不换了一辆约100万元的宝马730li，而那辆旧标致也快开不动了。与公司老总们的迈巴赫、劳斯莱斯相比，这辆宝马还是显得很寒碜，表现出任正非的节俭精神。

任正非一直没有给自己配备专车司机，实际上，这辆宝马也没有被任正非看作是自己的专车。他也并非常常自己开车，觉得上下班已经够堵的了，还是坐地铁或者打车好。华为至今还没有公司车队，任正非尤其不想让华为出现一个大车队。华为一年纳税达到400亿元，任总的生活却如此节俭，的确令人佩服之至。这当然与他从小就历经生活的磨难大有关系。在生活中，任正非不讲究穿衣，吃饭也从不浪费。

作为手机出货量居全球第二的中国民营企业巨头，任正非堪称节俭的典范，而节俭又意味着“吃苦在前，享乐在后”。他还常常教导华为干部：“干部一定要吃苦在前，享乐在后，冲锋在前，退却在后。一定要以身作则，严格要求自己。”（来自任正非讲话《改变对干部的考核机制，以适应行业转型的困难发展时期》，2006年）节俭是财富快速增长的一个因素，而其中还有更深刻的原因。任正非“排队打车”，首先折射出他节俭的生活作风，但其含义还远不止于此，从深层反映的是任正非奋斗者的风貌。

任正非是一位地地道道的艰苦奋斗者。而且，他不是一位普通的艰苦奋斗者，就像任正非自己所强调的，他既是踏踏实实身体上的奋斗者，也更是一名铁了心的、思想上的艰苦奋斗者。任正非说：“一般人只注意身体上的艰苦奋斗，却不注重思想上的艰苦奋斗。科学家、企业家、善于经营的个体户、养猪能手，他们都是思想上的艰苦奋斗者。为了比别人做得更好一点，为了得到一个科学上的突破，为了一个点的市场占有率，为了比别人价格低些，为了养更多更好的猪，他们在精神上承受了难以想象的压力，殚精竭虑。他们有的人比较富裕，但并不意味着他们不艰苦奋斗，比起身体上的艰苦奋斗，思想上的艰苦奋斗更不容易被人理解，然而也有更大的价值。评价一个人的工作应考虑这种区别。”（来自《任正非早期讲话纪要》，1996年）

其实，华为人都知道，任正非平日就表现出这样一种奋斗者精神。他常常表示，要以奋斗者为本，还要长期坚持艰苦奋斗，奋斗者又要以客户为中心。这种奋斗者精神，从一开始就贯穿在华为公司中，铭刻在华为员工的心里。还在公司创业之初，这种奋斗者精神就在华为扎下了根。那时，奋斗者的节俭和艰苦奋斗表现为床垫文化，无论华为领导或员工，吃住都在公司里。公

司不仅是库房、实验室、车间，还是卧房和厨房、餐厅，里面十多张床抵着墙摆着，当床不够的时候，就用泡沫板铺上床垫来替代。干活累了就小睡一刻，醒来以后又接着奋斗。因此，时至今日，还能看到这种床垫文化的蛛丝马迹。

任总办公室里就还有一张简单的小床。在欧洲等地打拼的华为员工，需要时也会打地铺，令当地的海外竞争者赞叹不已。任正非平日节俭，生活中完全不摆架子，平易近人，工作上则不留情面，严格要求。任总对外相当低调，极少接受媒体的采访，一般不去参加官方活动，也不出现在社会场所。

当任正非过着节俭生活的时候，想到的却常常是社会或别人。作为一位非常成功的民营企业家，任正非常常告诉华为员工：我们在市场上打赢的每一场仗，都可给父老乡亲多带来一碗饭；还可用来捐钱做公益，捐给希望工程多一点钱，就能让更多的孩子多念一些书。任正非没有打算上市，早早地就将华为股份分给员工。在他的眼里，挽起袖子真正苦干的人却只赚到微薄的工资，就是世上最不对的事情。这样的老总，当然深受员工爱戴。

任正非平时要求自己节俭，那是为了用于产品和技术的研发，为了节省更多的钱发给员工，或用于父老乡亲或社会公益。也就是说，要以奋斗者的眼光，将钱用在最适合、最恰当的位置。任总这样的胸怀，真是值得中国的企业家们学习和效仿。而任正非的事业做得越大，他的心态反而越淡定，这是一种历练后的睿智。当然，这对于许多企业老总而言，一般是难以做到的，也需要许多的磨炼。虽然任总生活节俭，堪称典范，但在一些关键的事项上却又出手大方，这需要有大企业家的眼光。任正非强调产品质量和技术水平，将质量当成企业的生命，他常常说，绝对不可以忽悠消费者。近十多年来，华为的研发投入已超过 1900 亿元，排在全球非军工企业研发费用的前 10 名。这就使华为公司拥有30000项技术专利，其中的40%还是欧美国家或国际标准组织的专利。这就使华为成为国家的栋梁。不只是与国内企业拉开很长的距离，还在销量和市场占有率方面压倒了强大的苹果。实际上，在技术上也是如此。现在苹果公司每年都须向华为偿付数亿美元的专利费用。在2016年3月，华为公司获得“中国质量奖”，这是国家级别的最高荣誉奖项。华为的兴起和获取各种荣誉，都是必然的，也都与任总的节俭风格和华为人的奋斗者精神有着因果关系。

后 记

你想成为亿万富翁吗?

我想，没有人不想！每一个人都想，做梦都想！因为财富对每一个人来说都非常重要。

《财富思维导图》从完稿到面世，耗用了我大量的精力，目的就是给大家一个清晰的思路。

在我的许多课程里，我都在总结和传输世界上很多亿万富翁的故事，以及他们的成长经验与能力，以期可以让大家解放思路，能拥有财富思维，进而掌握一种全新的赚钱模式，快速赚取自己的第一桶金，真正成为财富的主人。

我在十几年前即完成了财富的积累，本书也把我多年来的财富思想观念做了一个文字性描述，相信聪明的读者一定会有所发现。

读一本好书，学会他人的成功经验，不走弯路，找到赚钱机会，走出一条属于自己的财富之路!

打开《财富思维导图》一书，开启财富思维之旅，追寻成功者的脚步，从赚第一个一百万开始，进而实现千万富翁、亿万富翁的逆袭……你会发现，超越非常简单。

我的《财富思维导图》奉献于此，希望能给读者与我的学员带来丰富的财富思维，为我们国家的经济快速发展添砖加瓦。

改变命运从接触《财富思维导图》一书开始。改变你的财富思维观念，重新定位人生，每一个梦想的路口都会诞生新的富翁，相信总有一天你会成为其中之一。

本书是在讲学之余，用点滴时间写就，由于时间紧迫，书中不妥之处在所难免，敬请读者与同行指正。

本书在写作过程中，得到了大家的广泛支持，包括来自我的学生、我的家人的大力支持，在此一并表示感谢！

刘凤鸣写于北京大学

2018年3月19日